人生破局的
关键思维

[美]德雷克·劳德米尔克 著
Derek Loudermilk
信任 译

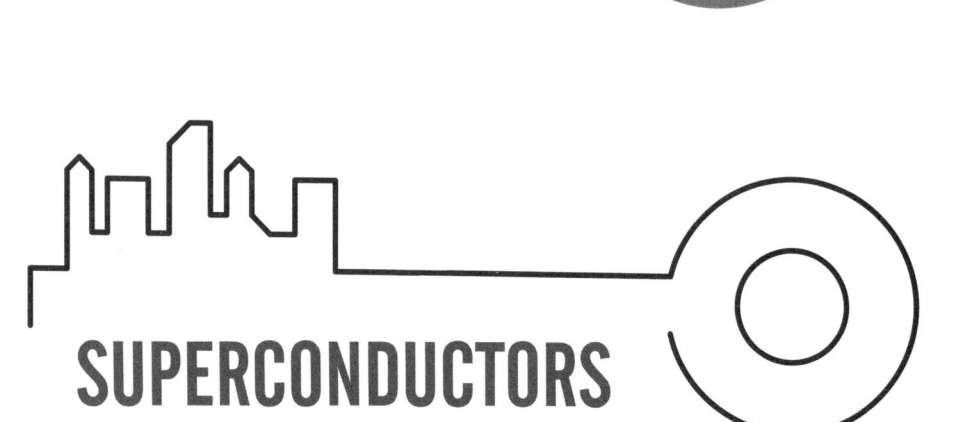

SUPERCONDUCTORS

天津出版传媒集团
天津科学技术出版社

著作权合同登记：图字 02-2020-232 号

© Derek Loudermilk, 2018
This translation of Superconductors is published by arrangement with Kogan Page.
Chinese (in Simplified character only) translation copyright © 2023 by Beijing Standway Books Co., Ltd.

图书在版编目（CIP）数据

人生破局的关键思维 /（美）德雷克·劳德米尔克著；信任译. -- 天津：天津科学技术出版社，2023.4
书名原文：Superconductors
ISBN 978-7-5742-0835-3

Ⅰ. ①人… Ⅱ. ①德… ②信… Ⅲ. ①人生哲学－研究 Ⅳ. ① B821

中国国家版本馆 CIP 数据核字 (2023) 第 042073 号

人生破局的关键思维
RENSHENG POJU DE GUANJIAN SIWEI
责任编辑：马妍吉

出　　版：	天津出版传媒集团
	天津科学技术出版社

地　　址：天津市西康路 35 号
邮政编码：300051
电　　话：(022) 23332695
网　　址：www.tjkjcbs.com.cn
发　　行：新华书店经销
印　　刷：天津中印联印务有限公司

开本 880×1230　1/32　印张 8　字数 130 000
2023 年 4 月第 1 版第 1 次印刷
定价：45.00 元

赞　誉

这就是创建和维系关系的正确方式。

——泰勒·瓦格纳（Tyler Wagner）

出版商，畅销书作家，商业关系专家

这本书细致、真实、富含智慧，就像德雷克本人一样。如果你有兴趣提升自己的生活，尤其是想了解如何让金钱为你工作，而不是与你做对，那你千万不要错过本书！购买这本书，阅读、练习，你一定会体验到巨大的改变！

——娜塔莉·萨维尔（Nathalie Savell）

健康行业企业家

这本书是理论性、实用性和阅读性的完美结合。德雷克·劳德米尔克将他在"冒险艺术（The Art of Adventure）"播客数百次采访中获得的见解，以及他作为杰出运动员、科学家、教练和企业家的生活经历，全部融合在一起。我十分喜欢。

——约诺·林尼（Jono Lineen）

获奖作家，澳大利亚国家博物馆馆长

如果你想让生活充满冒险和成就,德雷克·劳德米尔克的这本《破局思维》是你必读的书。

——马克·李维(Mark Levy)

《快书写,慢思考》(*Accidental Genius: using writing to generate your best ideas, insight, and content*)作者

这本书将会帮助你更好地发展高价值人际关系——那些可以帮助你事业成长的关系。在新兴经济中这是非常宝贵的技能。

——约翰·科克兰(John Corcoran)

前克林顿白宫撰稿人,律师,Rise25 有限责任公司联合创始人

如果你刚刚开始你的职业生涯并且只能读一本书,那它就是《破局思维》。

——亚伦·赫斯特(Aaron Hurst)

主根基金会(Taproot foundation)创始人

这是一本可以让你一读再读的职业指南手册。这本书中的技能可以让你提升你所做的所有事情,这可以让你在职业市场中具有独特的价值和优势。

——乔丹·哈宾格(Jordan Harbinger)

"乔丹·哈宾格秀"主持人

除了帮助你成为一名更好的故事讲述者，《破局思维》还可以传授给你一系列未来职业所需的思维和工具。

——迈克尔·马格利斯（Michael Margolis）

Get Storied 公司首席执行官，脸书（Facebook）、谷歌（Google）顾问

德雷克·劳德米尔克的这本《破局思维》，是值得一读的好书。德雷克是名生活的学者，他会以一种有趣的、带有教育性的方式分享他的知识——那些来自人们，来自书籍和无数经验教训的宝贵知识。所有读过本书的领导者，都收获了各种奇思妙想和灵感！

——汤姆·霍尔（Tom Hoerr）

博士，新城市学校（New City school）前校长，作家，教育界思想领袖

目 录
CONTENTS

前 言 /01

Chapter 1

重新规划你的人生，成为不可替代的人 /001

世界变化如此之快，人们需要更加频繁地更换工作头衔，所以你也将学习如何适应这些不确定性，如何轻松完成这些转换。你还将学习如何将你的技能和才能结合起来，让你在就业市场中成为独一无二的存在。

Chapter 2

准备工作：塑造你的心理、能量和声誉基础 /025

心理基础可以让你更快地学习，更好地管理情绪；能量基础可以让你在一段时间内保持高质量的工作输出；声誉基础可以让你利用过去的成果获取未来的机会。这些基础是让高绩效者年复一年地取得优异成绩的底线。

Chapter 3

提升创造力，快速解决问题 /049

人们越来越认识到，创造力会带来更加积极的结果。据研究显示，创造力对生产力有积极影响，因为它增加了个人的动力和激情，并促生创新性方案解决问题。

Chapter 4

深度工作，保持高质量的产出 /073

你可以考虑自己最有价值的产出，集中精力进行深度工作，努力做到最好，这样不仅可以让你保持工作激情，还能获得丰厚的回报。

Chapter 5

有效利用大脑，成为超级学习者 /099

通过掌握高效学习技巧，你的大脑就能进入一个新的层次。成为超级学习者，你可以在玩耍与探索中获取全新的知识。

Chapter 6

掌握故事技巧，轻松吸引受众 /123

在现今的商界，讲述故事作为一种多用途的工具，你可以在听众心中建立对你的信任，吸引听众注意力，给他们留下积极的第一印象，以及分享你的价值观。

Chapter 7

培养个人魅力，最大化你的影响力 /145

你想让自己发出正确的信号，让人们听到你、认真对待你。你想得到你应得的机会。你想让自己的工作变得与众不同。掌握释放个人魅力、展现自信和运用非语言交流的技巧，你就可以做到这一切。

Chapter 8

突破视野局限，树立远大目标 /173

你思考得越远大，你的竞争对手就越少。因为人们普遍认为大的挑战要比小的挑战更难完成，所以他们会自动退出竞争。

Chapter 9

游戏化你的工作，让成长充满乐趣 /195

当人们创造、分享喜悦或惊奇的体验时，他们往往会以更戏剧化的方式改变这个社会。所以游戏化可以让你更加投入地工作，并努力提高你的技能，甚至可以让你跳出框架思考。

关于作者 /221

致　谢 /223

参考文献 /227

前　言

我每天都会遇到很多人,有的来自其他国家,有的来自我的"冒险艺术(Art of Adventure)"播客,他们的能力和成就总是让我惊奇不已。有人失去自己创建的企业,但他们迅速振作,几周内又创建了一家更具影响力的企业;有人厌倦了现有工作,于是对自己的职业生涯进行重新规划,找到一份薪资更丰厚,还可以让自己随时出现在梦想之地的工作;有人在磨炼自己的技能,为自己创造机会,而(对他们来说)这在几年前是不可想象的。我把这些人称为"超导者(superconductor)"。他们的故事为我们的职业发展提供了全新的可能性。这些故事可以帮助我们系统性地重新规划我们的职业发展,帮助我们释放所有的职业潜力,一想到这些就让我激动无比。

什么是"超导者"?

超导者们可以将自己与他人及他人的开创性想法联系在一起。有时,他们会引导一群人向着共同目标前进,就像交响乐队指挥

（an orchestra conductor）一样；有时，他们会掌管一个组织，就重大、复杂的问题进行决策，就像列车长（the conductor of a train）一样；有时，他们则像电导体（an electrical conductor）一样促进精妙思想的流动。超导者拥有强大的资源和工具，以及充分利用这些资源和工具的技能、知识和心态，他们可以通过这些因素取得比以往任何时刻更多、更大的职业成就。本书就是你将自己打造成超导者的工具，你可以利用它为自己创造出（你能想象得到的）最传奇、最有意义的事业。

我为什么要写这本书？

在"冒险艺术"播客上，我主持过数百次的访谈，采访对象包括企业家、未来学家、创新家、艺术家、教育家、科学家、作家、运动员、冒险家和思想领袖。在访谈过程中，我注意到有一些内容不断出现——那些帮助高成就者们获得完美职业的心理模型、行为准则和技巧。我曾从事过科学研究工作，所以我很喜欢把事物进行细致分解并公式化，这样可以让我更好地理解与掌握它们。我真希望自己在大学时就能读到此书，这样我就可以少走这十多年的弯路了。

在过去的几年中，我周游世界，拜访并居住过几十个国家。我观察到，在职业管理方面，全世界人民的认知都在发生迅速地变化。我在与越南、克罗地亚等发展中国家人民的交流中感受到，他们对"打造梦幻职业"这一从未接触过的想法感到激动不已。

为了进一步完善我在做"冒险艺术"播客时获得的知识，我开始深入研究与人类种族的未来相关的文献。最终，我发现了两本非常重要的书：阿尔·戈尔（Al Gore）的《未来》（*The Future*）和凯文·凯利（Kevin Kelly）的《必然》（*The Inevitable*）。这两部书证实了我一贯的想法：我们必将经历全球市场带来的高速变化，如果我们不主动掌控我们的职业规划，那么我们就会被时代所抛弃。

举例来说，卡车司机是美国最常见的职业，也被认为是最保险的职业，原因之一在于，企业不能雇佣或将业务外包给外国司机。但是，随着自动驾驶的运输卡车上路，全美数百万的卡车司机开始担忧起自己的职业未来。

我们已看到过太多人因为机械自动化和人工智能而失业。对我们来说，这既是障碍，也是机遇。一方面，这些人必须对自己的职业生涯进行重新规划，才能继续过忙碌、充实的职业生活；另一方面，某些职业的消失，开辟了新的、回报更高的职业道路——如果人们能通过培训获得正确的技能的话。

在许多领域中，电脑都要比我们聪明得多（比如，计算器的算术能力就要比我好得多），而且它们还在持续发展当中。但我们依旧有希望！因为一些特定的人类活动永远不会被计算机所取代。比如，读研究生时我了解到，在识别单点基因突变上，人类的双眼比任何程序都要准确。超导者们会专注于这些最有价值的人类技能。

这本书包含哪些内容？

全新的高价值技能，其实一直存在于人类的天性之中。我们生来就是社会人，我们可以利用人脉和沟通，创造性地解决各类难题。我们可以在工作中感受快乐、热情和动力，可以进行积极的思考。这些人类的自然特征构成了经济领域所需技能（课堂学习到的技能及技术技能）的基础。未来的世界经济，将会奖励那些拥有高价值技能（如建立关系、持续学习、创新及讲述故事等）的人。以下是我们在本书中将讨论的内容细目：

- 职业策略（Career strategy）。一开始，我们会研究哪些因素能让职业更具意义、影响力和经济回报。你将学习到如何将你的技能与才能结合起来，实现个体独特性与市场价值的最大化。
- 基础（Foundations）。在这一章中，我们将重点介绍一种基础要素，涵盖了强大心理、能量与声誉。这些要素会让你的其他技能获得提升。
- 创造力（Creativity）。所有人都拥有巨大的创新潜力。这章中你将学习如何超越来自内部（自我审视）和外部（害怕出糗）的恐惧，彻底释放自己的创造力。我还会为你提供一些特殊的工具和练习，帮助你获得最佳的创意。
- 尽最大努力（Doing your best work）。在这章中，你将学习如何从回报最丰厚的职业中选择出最有价值的工作目标，以及如何围绕实现这些目标来构建你的生活。

- 快速学习（Accelerated learning）。学习是一种可以让你超越他人的基础技能。拥有快速学习的技能，意味着你在团队可以发挥出更多价值；通过学习突破职业发展停滞区，你可以达到他人无法企及的更高水平。
- 讲故事（Storytelling）。人类天生就懂得通过故事理解世界。讲故事可以建立彼此间的信任，可以激励、说服他人，吸引你的客户并达成销售。
- 魅力（Charisma）。个人魅力是一种可以通过学习获得的技能，它可以最大化你的影响力，让你辛苦习得的技能可以更好地被他人识别、利用。在这一章中，我们还将探索来自内心的动力与自信，这些品质可以帮助你更加积极地行动，让你的职业生涯更加成功。
- 胸怀大志（Think big）。渴求改变，这是职业选择的最大驱动力。但是这种改变往往被我们的生活经验和梦想的大小所限制。在这一章中，我们将具体阐述如何扩大你的梦想，并采取相应行动。
- 乐在其中（Have fun）！我们将探索乐趣的力量——它们大到可以驱动整个行业的发展；我们还将探索游戏或竞赛的力量——它们可以提高我们的工作投入度，以及与客户或下属联系的能力。

如何使用本书

你可以直接跳到你最感兴趣的章节，或者对你现有职业发展影响最大、见效最快的章节阅读。超导者的概念与技能，就是你充实自己的秘密武器。

当你学习并实践超导者技能后，会出现我称之为"技能叠加"（skill stacking）的效果——你将自己最好的技能一层层地叠加、组合起来，直到它们成为这世上唯一的独特技能组合。接下来就是见证奇迹的时刻——在人才市场上，你会变得非常稀有和昂贵。

在本书中，"冒险艺术"播客的专家访谈为我们提供了很多有趣、有价值的想法。你可以订阅"冒险艺术"播客，收听完整的访谈，获取更多信息——回到信息的源头，加深自己的理解。

分散在各章中的"练习"部分可以帮助你加强对当前学习内容的理解，帮助你的职业生涯开始切实的变化。我建议，将这些练习安排到你的日程表中，并按时完成。练习会带动起行动，利用超导者知识体系的最佳方式，就是练习它、使用它。

思考一下，你生活中有哪些人符合本书各章节提到的特点？这些人会成为你灵感和成长的重要源泉。你可以观察他们的一举一动，以他们为模板来规范自己的行为。例如，第七章的内容是魅力，所以你要练习去寻找观察你最有魅力的朋友；而当我们学习故事讲述时，你则要关注那些善于讲述精彩故事的人。

本书的目的，是为你提供一个可以打造真正的、可持续的、可重复的职业成功的框架，以及相应的工具、知识和可行资源。阅读本书后，你将获得指引自己发展方向的力量和勇气，了解并明智规划你的未来，无论这世界如何变化。

Chapter 1

重新规划你的人生，成为不可替代的人

当谈论你的职业生涯时，我们要从大局着眼。对于你及你的职业领域来说：大局是什么？在这一章中，我们将探讨引领人们进入所爱职业的因素，如自主性和影响力。我们还将探讨隐藏在职业道路上的一些常见陷阱，比如追随他人那些只对他们自己有利的想法，或是令你追随大众趋势的"闪亮物体综合征"（shiny object syndrome）[1]。世界变化如此之快，我们需要更加频繁地更换工作头衔，所以你也要学习如何适应这些不确定性，如何轻松完成这些转换。你还要学习如何将你的技能和才能结合起来，让你在就业市场中成为独一无二的存在。

报酬不是追求事业的唯一动力，但它无疑是选择职业的重要衡量因素。你要学会如何更舒适地面对你应得的报酬，并深刻理解其作为工作价值衡量指标的运作方式。你还要学习如何更好地控制你的职业生涯，进行更明智的选择。最后，你要学习如何最大限度地提高你已经拥有的技能和天赋，并最有效地获取本书中提供的技能。

1.译者注：指永远追逐新的想法、概念、科技、工具等新奇事物，无视自己具体情况或正在进行的工作。

连接思维

当我在研究生院做病毒研究时,我们系的学生每周五都会进行一次文献报告会。会议内容是围绕最新的重要科学论文进行讨论。会议主持人通常会选择他们自己感兴趣的文章,而这些文章往往会超出其他成员们的研究范围。这意味着,我们要定期学习新的事物,这可以帮助我们开辟新的工作思路。文献研讨会也有助于我们熟悉彼此的工作,当我们需要具体技术方面的帮助时,可以立刻找到对应领域的同学、同事。这是一个伟大的系统,它促成了我所知道的"连接思维"(connectional intelligence)理念。

一次,在"冒险艺术"播客中,我采访了作家、演讲家埃丽卡·德旺(Erica Dhawan),她向我介绍了"连接思维"这个理念。她对"连接思维"的定义是:"将知识、愿景和人才资本结合起来,在全球范围内建立联系,创造前所未有的价值和意义的能力。"我更愿意将其理解为:一群人聚集在一起解决重要的全球问题。通过连接思维,人们有能力影响并获得更具实质性的、更有意义的结果。我喜欢把它想象成一个非常非常长的杠杆。

我很喜欢"连接思维"这个想法,超导者概念中很重要的一部分就是:我们如何利用连接思维及其相关技能来指导自己的职业发展。德旺说,"连接思维"不是专业人士或特权人士的特有技能,"连接思维是一种所有人都可以使用的通用技能"。

即使在这个信息爆炸的时代,我们依旧几乎无法获得各领域的尖端信息,与此相同的还有各种专利、行业机密、私密研究和个人经验。只有当你进入相应领域的社群时，你才能够获得真正有用的信息。有时候，正确的建议或信息可以帮你在职业生涯或大型项目中节省数以年计的时间。

黑客帝国时刻

前几天我经历了一次黑客帝国时刻（The Matrix moment）。在电影《黑客帝国》（*Matrix*）中有一幕，尼欧（Neo）将功夫信息直接下载到自己的大脑里，然后睁开眼睛说："我会功夫了！"我说的就是这一刻。那天我回到家中，发现浴缸的水龙头关不上了。我家人试着打电话给水管工，但天色已晚，电话没有人接。我们不想因为这点小事停掉整栋房子的自来水，所以最好的解决方法就是：我自己学会关掉浴缸的水龙头的方法。于是，我上YouTube快速搜索了一下，找到了一个和我家水龙头规格相同的维修视频。我按照视频里的方式，迅速拧开水龙头把手，然后用钳子把水关掉。接着我将坏掉的水龙头拆开，然后重新组装起来，这次它不再漏水了。整个过程只花了不到五分钟时间，就节省了我们几百美元。最让我吃惊的是，我能迅速找到相关信息并加以利用。通过YouTube或在线搜索，你可以很轻松地学习到如何制作网站、发送电邮或操作新买的打印机。

我深刻地认识到，每个人都会经历类似的黑客帝国时刻。他们想知道某事，然后他们立刻知道了，而且几乎是瞬间完成——"我会功夫了！"当这个世界上的每个人，都能够瞬间学到各种知识时，限制我们使用知识的，就只剩我们使用这些知识的方式。

如果我不需要马上就修好水龙头，那么我学到的知识就毫无用处。如果我不相信这段视频对我有用，或者我选择花更多时间去做更多研究，那自来水会继续流下去。因此，我们必须行动起来，将这些知识运用到实际工作和生活中。本书将提供大量的信息和练习，帮助你实现这一点，但记住——如果你只是阅读，却不采取行动，那么你自己就是你职业生涯的限制因素。

职业策略：什么可以帮助你获得热爱的事业？

我们要对职业有几点了解，才能帮助我们为自己设计合适的职业。首先，技能的提高会增加工作的自主性和自由度，也会让你的工作更有乐趣。我们认为，幸福感、成就感和工作报酬是人们工作的主要动力。每天做一些能体现你基础价值观的工作也很重要（这就是为什么我们要通过评估明确自己的价值观）。选择一个能让你不断进步、不断学习的工作，意味着你永远不会感到无聊。通过培养稀有的、高价值的技能，并为这些技能寻找到正确的市场，你获得应得报酬的概率就会大大增加。

技能叠加

在传统教育下，我们获得了一套具体技能，如阅读、写作、编程等等。即使是文科类院校，每个学生也都有特定的学习重点和相应学位。我认为这些是硬技能，或者说是技术性技能。这些技能是连续的：你可以是世界上最好的程序员，也可以是广大普通程序员中的一员。

但你不想在这类技能上与他人竞争，因为在这世界上总会有人愿意以更少的报酬或更多的努力做相同的工作。所以你需要用另一种方式让自己与众不同，那就是我的技能叠加理论。我想带你到达一个地方，一个全世界只有你能到达的地方。本书将会教导你如何扩大你的硬技能，并将它们进行组合叠加，直至让你的价值最大化。

比如，你是一名程序员（或者是化学家、艺术家，具体什么工作并不重要）。如果有人给你一个编程问题，你可以解决它。这就是你的能力，你可以将它作为你的基础技能。但其他470万人也可以做到这一点。然后我们假设，你还很擅长建立关系和讲故事，并拥有很强的创造力。现在，你可以选择加入一家科技初创公司，从事你关心的有趣工作，并以与其他人都不相同的方式参与公司项目。你可以与媒体交谈，与设计团队合作，并为投资者解读项目。也就是说，与基础技能相比，技能叠加为你带来了更丰富、更多样化的机会。好消息是：你已经具备了让自己独一无二的技能和才能。你已经很有价值了！本书将为你培育一些关键技能，帮助你扩大已有的价值技能。

无形剧本

你的大脑里是否有声音在向你低语？我采访过滑翔伞运动员、攀岩运动员、定点跳伞运动员及翼装飞行运动员杰夫·夏皮罗（Jeff Shapiro），他的很多朋友都死于这些危险的运动项目。我们谈到了风险管理，谈到当你参与非常危险的运动项目，并且希望将死亡风险降至最低时，你应该聆听大脑中的哪些声音。这让我想到我们的决策过程，想到为什么我们很难得知事情的真相。

如果能很容易地倾听到真实的自我，我就不会在结婚十六个月后离婚。在内心深处，我知道我不想结婚，我甚至不确定自己是否想保持一段感情。但我也知道我爱我的伴侣，我想让她开心。我的直觉告诉我"不要结婚"，另一个声音则说："这才是正确的做法。因为你已经和她在一起三年了，你欠她的。"还有一个声音说："结婚会挽救我们的关系。"事后来看，我认为我的直觉是正确的。

那在职业决定中呢？我们内心的声音告诉了我们什么？

一开始，我想成为一名职业自行车赛手，但后来我放弃了这个梦想，转而追求成为一名科学家。这是一个非常令人困惑的决定，因为这是我自己的梦想和他人的梦想的混合物。成为自行车赛手是我的梦想。成为科学家，则是我从某处获得的剧本，它并不完全是我的。我一直想成为一名探险家和冒险家，追求成为英雄的感觉。在自行车比赛中，这一切都可以实现。

攻读微生物学博士学位是我真正的探险家梦想（因为我在黄石国家公园做嗜极生物研究）和无形剧本（告诉我要成为一名科学家）的结合。这个无形剧本并不是我从什么人那里得到的，而是我在人生道路中进行的抉择。我的老师说我擅长科学和生物学，我父亲是微生物学家，而且我真的认为科学很酷。所有这些都指向了科学工作。当我在野外采集样本时，我活在"我的梦想"中，但当我回到实验室分析样本时，我活在他人的梦想中。此时，我头脑和直觉中的理性声音无法找出究竟是什么令我不爽。

我有个宝贝儿子，我也有关于他的梦想。我看到了他的天赋和能力，希望他能好好利用它们。我相信我所做的和谈论的许多事情都会成为他的无形剧本。他会面对各种各样的梦想选择；他的老师和朋友会鼓励他去追求某事，但他最终不得不脱离这一切，寻找到真正属于他自己的梦想。

当我在克罗地亚和匈牙利生活时，我看到了一些影响人们的明显剧本。例如，人们不愿意花钱来提高自己。因为剧本告诉他们："学习新技能的机会应该是政府免费提供的"，或者，"我不认为提高自我有什么帮助"。

下面是一些无形剧本的示例：

- "为了找到一份好工作，我必须考上研究生。"
- "买房是一项不错的投资。"
- "如果我有更多的钱，我会更幸福。"
- "如果我有了孩子，我就需要停止旅行，安定下来。"

我喜欢奥斯丁·克莱恩（Austin Kleon）的《好点子都是偷来的》（*Steal Like an Artist*）一书。他说，你要模仿自己喜欢的作品来塑造自己的创意和作品，然后它们就会真正属于你。我这样做过多次，创建播客、众筹出版这本书，以及成为一名自我发展教练。但你必须让这些想法真正属于你自己。那么，如何区分对你真正有好处的想法（真正符合你梦想的行动）和来自他人的、并不适合你的诱人的想法呢？

你要关注以下时刻自己的反应：当你感到不满时，当你觉得某事已经结束时，当你避免做某事时，或者当你每次做某事都很困难时。这可能是你的直觉在提醒你，你正身处一个并不适合你的无形剧本中。你可以与直觉进行辩论。如果你的直觉告诉你"不"，那你就站在另一方进行辩护，这样你就可以深入了解自己，寻找到正确的答案。

你做过的最棒事情

在采访冒险作家布伦丹·伦纳德（Brendan Leonard）时，他分享了他的史诗级户外冒险故事。因为工作的原因，布伦丹一直在为杂志创作引人入胜的故事。当然，他不能写那些很多人做过的事情，"一家人参观大峡谷"这样的文章可上不了头条。所以他总是被迫进行更加刺激的冒险。在他的家乡科罗拉多州，有一座从未有人穿过的山脉。于是他叫来了一位朋友，两个人花了很多天，从北到南横跨了整个山脉。那是他进行的最大的冒险挑战。与此相比，之前他进行的那些冒险看起来也不那么难了。同样的事情也发生在我们的职业生涯中。

每当你将自己的事业提高到一个新的层级，你就会遇到一系列新问题。当我从独立经营业务步入到多人合作经营业务时，我意识到我的培训能力和高效沟通能力比之前想象的要重要得多。当你的事业达到新的层级时，之前那些层级就会变得容易很多，不断增长的技能、见识和动力会推动你前进，但前进的速度由你自己掌控。

力量：如何得到它

我们事业的成功与否，不是仅由我们的自身特点和价值决定的，其他人对我们职业发展的影响也不容低估。如果仅仅因为我们是一群拥有一定技巧的好人，就以此认为自己能够达到职业顶峰，这无疑是愚蠢的。我们必须面对自己身处的现实，这意味着我们要掌控自己职业领域的社会和政治生态系统。

在后面的章节中，我们会讨论导师和战略伙伴关系的重要性。重要的是，你要知道：在组织和职业领域中，那些职位比你更高、影响力比你更大的人，会对你的职业发展产生重大影响。他们可以提拔你，给你梦寐以求的项目，带领你积累专业知识，也可以把你扔到一个无聊的低薪职位让你等待退休。商人、女作家琳达·罗滕伯格（Linda Rottenberg）向我讲述了"大处着眼、小处做起"（thinking big but executing small）的力量。梦想家们需要面对的挑战是，如何将大的挑战分解成一系列小的胜利，逐步前进。

因此，我们需要了解政治、心理、战略、情商和影响力，以便在掌控我们职业生涯的大系统中不断上行。即使你是名个体企业家或者自由职业者，你也不是在真空中工作，你的职业生涯会随着合作方（团队或个人）的起伏而升降。

个人力量

你的事业是你自身，以及表达自身天性的能力的延伸。据估计，全世界的企业都会因为"掩饰"（covering）而损失数十亿美元。吉野贤治教授（Kenji Yoshino）的理论认为，在工作场所中，人们会隐藏自己的文化背景和个人背景，以求表现"正常"或者逃避负面关注（吉野贤治，2007）。当人们为了避免成见，而选择不与他人交谈、交往或不穿某种衣服时，就是在掩饰。埃丽卡·德旺告诉我，吉野贤治与德勤（Deloitte）咨询公司共同发起一项倡议，让领导者们通过分享个人故事来树立"反掩饰"的榜样。这一行动能增加团队成员之间的联系，进而提高生产效率（Smith，2013）。你的"反掩饰"行为，会感染你周围的人，带给他们力量，你也会成为更有价值的"团队资产"。

品牌策略师、文化翻译员及播客播主泰约·罗克森（Tayo Rockson），是第三文化孩子（third culture kid）[1]。在成长过程中，他经历过很多不同国家和文化。第三文化的理念，是吸收并同化你的家庭、朋友，以及你所居住过的国家的文化。泰约的任务就是帮助人们充分利用自己的与众不同。他认为，更多元的团队会产生范围更丰富的解决方案，所以，你也可以把自己看成是团队所需的多样性之一。通过"反掩饰"和宣言你个性中的独特性，你可以获得自己的力量，而且这对你的事业来说十分重要，它可以感染你周围的人，带给他们力量；它可以让你以更多的不同的方式为团队做出贡献，而人们则会将你视为一个勇于实践的人。

---

1. 译者注：指和父母生长环境有显著不同的孩子。

加倍努力

职业和商业策略师詹妮·布莱克（Jenny Blake）告诉我，在她自己的职业转换过程中，她花了太多的时间和精力在那些她不知道的、不起作用的或者她根本没有的事情上。她建议我们要将自己的潜在优势和那些会伴随我们一生的兴趣联系起来。有时我会问新客户："有哪些事情你一生都在为之准备？将你生活中各个领域的经验结合起来。什么样的工作角色或任务能让你发挥出你学到的最棒的知识？"

为了创造你想要的事业，强烈的自我意识是很重要的。我们也可以从另一个层面进行解读：如果失去了所有的技能、天赋和经验，那么你是谁？我最喜欢的学习方式是冒险和经历艰难挑战。研究你的同事和同侪对你的评价，也是提高自我认知的绝佳方法之一。MBTI人格理论（Myers–Briggs Type Indicator）之类的自我评估系统也很有帮助。我发现，罗杰·汉密尔顿的财富动态评估（Roger Hamilton's wealth dynamics assessment）也十分有用。

"了解你的目标模式（purpose pattern）以及如何实现它，是当今经济最重要的驱动力之一。"Imperative公司创始人亚伦·赫斯特（Aaron Hurst）说。使用自我评估工具、接受同侪反馈并思考、确定哪些事物会带给你目标感，然后根据你的目标模式提出属于你自己的改变世界的目标。

◇ 练习 ◇

列出你想使用的自我评估工具，并安排时间进行。

访谈的力量

在开始职业生涯之前,我已经经历了一系列非正式访谈。我大学的指导老师让我们邀请不同领域的人喝咖啡,同时征求他们的职业发展意见。当然,我们谁也不知道自己在做什么,大多数学生认为这只是一种找工作的方式。

在我的商业教练工作中,有时客户需要在未来业务选择上接受指导。每当遇到这种情况,我就会让他们走出公司,和领域内的其他人士进行访谈、交流。这样做可以帮助我们充分了解在当前领域获得成功的重要因素。你将在第五章了解更多关于行业解构的技巧。除此之外,我们还可以从访谈对象那里了解到,他们对该领域工作的期望与现实的反差有多大。进而修正我们对该领域的理解。当我在读微生物学研究生时,我发现我的工作期望与实际工作就有巨大反差:我期望进行大量的野外调查工作,而现实是你需要花费大量时间在实验室里和计算机前。而在我开始这份事业之前,我本可以了解更多的工作内容和细节。

当你探索新的职业发展时,你可以询问自己以下问题:

- 谁在这个领域做得风生水起,超出你的预期?
- 这个领域中的人,都是在哪里收获财富的?
- 在你工作领域中的知名领导者们,都有哪些著名事迹?
- 什么类型的项目可以给你的事业带来最大的收益?
- 进入这个工作领域前,你没有预料到的是什么?

我接受了访谈这个想法,并把它变成了"冒险艺术"播客——

我想完全理解成为一个职业冒险家需要什么。如你所知，这些访谈最终引出了本书的诞生。在访谈中，嘉宾一次又一次地与我分享各种职业发展的策略与技巧，而且很多都是从未被记录到书中的。

闪亮物体综合征

身为一名商务教练，我为身处世界各处的企业家们提供服务。很自然的，我深受那些"不想和任何事物捆绑在一起"的企业家们的欢迎。这些人不想与任何特定的商业模式捆绑在一起，这样在遇到下一个"闪亮物体"时，他们就可以迅速放下手中尚未完成的工作，转向新的有趣的目标。这种情况也是我自身的写照，所以我要强迫自己去做那些长期的、困难的、需要高度专注力的工作，比如撰写本书，或是当一名好爸爸。将自己的力量集中在关键项目上，并最大化利用我们已有的资源——这一点非常重要。现在，职业转换越来越频繁，而且还有愈演愈烈的趋势。所以，完成你已经开始的工作——这一点更加重要。在尝试新的职业发展或商业战略之前，你要问问自己是否已经掌握了该领域的基本知识和技能。当人们无法得到他们期盼的结果时，闪亮物体综合征就会出现。如果你还没有掌握你所在领域的成功核心要素，即使跳到新的领域中，你也无法获得成功。如果你正经历闪亮物体综合征，并试图放下手中未完成的项目，那么你一定要先检查一下自己当初为什么要开始这个项目。如果你开始这个项目的原因依然重要，依然对你有利，那你就要继续完成它。

先说 Yes，再说 No

在职业生涯的早期，你要尽可能地说"Yes"。企业家德雷克·西弗斯（Derek Sivers）分享了他刚刚开始音乐生涯的故事。他对每一次演出邀请都回答"Yes"，即使没有报酬，或者要独力将所有乐器拖到城镇的另一头，他都毫无怨言。因为每一次演出都可能成为他事业的突破口。这与风险投资家的经营原则相同——如果他们投资的企业中有一小部分获得成功，其回报也会远远大于失败的投资，这是在 60%~75% 失败率基础上获得的结果（格里菲斯，2017 年）。然而，一旦你开始获得成功，你就需要开始说"No"。因为你已经知道高效成功的事业是什么样子了。如果你决定要成为 YouTube 明星博主，那么你就要制作很多高质量的YouTube 视频。当然，一份播音员、播客或写书的工作看起来更加诱人，但它们会损害你最重要的产出——视频。

市场需求

在思考我们的事业发展时，你需要先考虑一下市场的需求。在商业上，我们说必须要做到产品—市场匹配。如果说，你已经创造出一项产品或服务，那就需要有人愿意并有能力购买它们。如果你提供支持，那么市场必须愿意并有能力购买你的技能。各类市场给予的经济回报均不相同，如果你有具体的经济收入目标，或者想确保长期稳定的就业，那么你需要清楚地了解这一市场的行情与需求，以及你自身与该市场需求的匹配程度。

作为一名前微生物学家，我对美国学术科学就业市场非常熟悉。我离开科学界的原因之一就是该市场无法负担源源不断的新进科学家们。尽管受过良好训练的科学家数量不断增加，但当时的市场已经饱和，很多高技能的博士们无法创造出他们所热爱的事业。仅仅做好自己的本职工作，不一定可以出人头地。

要学会追逐市场需求，端正态度。这正是美国的银行家和程序员能够获得高薪的原因，也是曼联队能够始终如一地聘用最高效的足球运动员的原因。

假设你是招聘者

让我们想象一下，现在你受组织委托，主持一个职位的招聘工作。新入职者的价值，至少要等于你给他开的工资或报酬。公司已经建立了一套衡量标准，以了解能从不同类型员工那里获得的价值的高低。如果应聘者能够带来的价值比他获得的报酬还要低，你就会让他离开。

在雇佣某人时，你会考虑得更深一步。这个人适合我的团队吗？某名球员被邀请加入新的球队时，对方不仅看重他的身体能力，也会同样看中他的领导能力和俱乐部技能。这个人会让我的生活更轻松还是更艰难？他们会不会让我头疼？他们如何处理突发情况，如何担负起责任？我经历过这一切，因为我的整个团队都是我招聘来的。在此过程中，我了解到：我真的很喜欢那些可以自行采取行动的人。他们不会一遍又一遍地询问我的意见，可以让我从繁杂的邮件和沟通中解脱出来，一天省下数个小时的时间。

人们招聘的目的，是想要得到特定的结果。你招聘一名营销人员，是为了让他帮助你接触更多的人。营销活动有很多种方式，具体技巧虽不相同，但结果都是一样的——让更多的人了解这项产品或服务，并获得更多客户。

这一思考角度，是否有助于改变你对自己价值的看法？如果你（作为应聘者）能尽力达到你自己（作为招聘者）对这个职位的要求，那么你会更加轻松地获得这个职位。你要如何保障你带来的价值大于薪水？你要如何保证你的工作业绩？你愿意雇佣自己吗？

你对薪酬的态度

即使你拥有稀有的、高价值的技能，你对薪酬的态度也可能会让你走上一条远离理想事业的道路。如果你知道你的市场价值，但又不愿意主动去争取你应得的薪水，那么你就会怨恨你的老板，因为你知道自己的付出与回报不成正比。

职业生涯中的最重要能力之一就是获得与你的工作相应的报酬。此时，你的自我会跑出来阻挠你：你可能会过分看重自己的价值，将自己置于市场之上；或者低估自己的价值，以确保所有人都喜欢你。不管你处于哪种情况，你都要从中跳出来，尽量不要掺杂个人情绪。当一个人为他的客户或雇主带来了巨大价值时，你会认为他理应得到高薪，没错吧？倘若你是那个人，你也理应受到如此待遇。如果你认为富人都很坏，或者金钱是万恶之源，那么这些想法只会削弱你获取更多报酬的能力。薪酬是一种工具，它可以促使你创造更多，让你更加享受生活。既然我们要费心创造一份可以实现这一切的事业，那么我们也要与薪酬建立起一种对我们职业发展有积极影响的关系。

> ◇ **练习：接受财富** ◇
>
> 为了调整你的想法，让你对自己的工作报酬更满意，请思考以下问题：高薪酬可以给我带来什么满足感？一旦我挣到钱，我将如何用它来造福世界？我怎样才能和金钱友好相处？为什么我应该在我的职业生涯中赚钱（写下你的一百个理由）？

拥有远大抱负

你有没有见过这样的情况：一位拥有极佳天赋的运动员或商人，却被一个天赋不强，但却志向远大、野心勃勃的人打败？事业成功的关键不是天赋，而是将我们已有资源最大化的能力。远大抱负的重要之处，在于提高你对自身事业及目标的标准。所以，你要说的并不是"我必须成功"，而是"如果我想要成功，我就必须做到那一点"。小心，不要因为看不到到达目标的所有必经之路，就降低自己的抱负心——当你还没有获得实现目标所需的技能知识时，降低抱负心似乎很正常。如果有人告诉你，你要降低自己的事业目标：别理他们，将你的注意力放在你的目标和成功上。

加入社群网络

我是行业同侪智囊团的一员。和我一样的团队成员还有三十人，我们都是付费参加这一项目的。我们聚集在一起，为行业的全方位发展而努力——我们会改进销售模式、在线营销系统，提供更好的演讲技巧，以及改进我们的指导课程。我们与一队商业教练进行合作，双方一对一配对。如果我们中有人遇到业务问题或挑战，就会在我们的脸书共享群中发帖，整个社区都会帮助他解决这个问题。在过去的一年里，由于大家的精诚合作，这个社区的大部分成员业务都增长了200%~500%。

我们都有获得信息的机会，但重要的是我们如何利用这些信息为我们的职业目标服务。与其他的团队成员一起工作，你可以看到不同类型的人完成同一类型项目的结果。我们会相互介绍客户和业务，以及那些可以帮助我们实现目标的关键影响者们。

有几种方法可以帮助你在自己的职业领域中找到这样的社群网络。已经存在多年的职业领域中常常有类似的组织。还记得我在本章开头提到的研究生文献报告会吗？像这样的学生社群网络已经存在了几个世纪。对于较新的领域（如加密货币和虚拟现实技术），你可能需要搭建自己的社群网络，特别是你想与附近的人进行线下会面。你可以使用 Meetup.com 创建你的线下活动；领英和脸书群组可以用来创建线上活动。付费会员可以让你接触到更高层级的人——我甚至认识一些企业家，他们愿意每年支付十万美元成为行业同侪智囊团的成员。

互补的重要

当你拿起这本书时，你可能会想：哇，我要做好每一件事，这样我才能超越所有人，得到我最理想的职业。但这种想法可能会让你感到压力。请记住，除非你是一名个体企业家，否则你的团队不可能只有你一个人。你将成为一个单位的一部分，一张大拼图的一小块。所以你不必擅长所有事，你要做的是和其他团队成员互补。这其中的道理很浅显：哪怕你要进行网络工作，你也不必是一名优秀的程序员；哪怕你要在市场部工作，你也不必非知道 Photoshop 不可。你总能找到一个人，弥补你不擅长的工作。

拥抱不确定性

在访谈中，职业转换专家珍妮·布莱克（Jenny Blake）告诉我，现在每个职位的平均在职时间只有两年，而不是上一代人的二十年。在过去的十年里，我自己就经历了很多次职业上的发展和转换。所以，你一样要为将来的职业发展做好计划。每当你尝试新事物时，你也要从中学习新的知识和技巧，并加强对自身的了解。

有时，我们的行动会带来意想不到的积极结果。我们知道，美国将人类送上月球这一活动，致使火箭和计算机技术的大幅进步，进而推动了美国经济的发展。克里斯托弗·哥伦布（Christopher Columbus）梦想着找到一条更容易到达印度的海上路线，却最终发现了一块崭新的大陆。当我开始"冒险艺术"播客的时候，我不知道它会带来这么多美丽的果实，比如这本书、无数演讲的机会、商业教练的工作机会，以及探险旅行。如果你对自己的事业有特定的要求，当你获得不同的结果时，你就会感到失望。所以，为什么不要求自己从事业中获得惊喜呢？

冒险心态

我的导师之一，瑞克·汉森（Rick Hanson），曾经问我：对世界来说，你最棒的地方在哪里？于是，我决定成为世界上最顶尖的冒险专家。为此，我阅读了数百本最伟大的冒险图书和冒险日记，并采访了世界上最伟大的冒险者们。如果你想要一本职业冒险家完全指南，那你只能等我的下一本书了。但现在，我们可以将冒险心态应用到我们的事业中，你会发现它很管用。

冒险的关键在于：它必须是非凡的、引人注目的，这意味着你必须有一个关于它的故事。当然，冒险肯定伴随着风险，无论这风险是真实的还是感知上的。冒险（venture/adventure）一词的原意就是：去承受风险。最后，冒险者必须经历一些改变。我播客上的来宾们一次又一次地告诉我：要享受"不舒服"，这很重要。让我们把自己的事业看作是一次冒险。当我们有意识地挑战自己，让自己进入"不那么舒服"的环境时，等待我们的就是不可预期的、强大的、令人兴奋的事物。如果你的职业生涯是一次大胆而刺激的冒险，你要怎么做呢？

想想那些伟大的探险家和他们的冒险，他们会去没有人去过的地方。现代的冒险信条是：最快、最远或最棒（最理想的情况是三者兼得）。冒险家就是在空无一物的地方创造出东西的人。世界变化如此之快，你要么积极主动，引领前沿；要么被动应对，努力追赶他人。通过将冒险心态带到事业中，你可以设定自己的路线，并在必要时尝试重新规划，而不是静待自己变得过时。在英雄的旅程中，重要的不是英雄最终从冒险中带回来的物质财富，而是他变成了什么样的人。当我们寻求自己热爱的事业并为之努力时，重点不是我们从事业中得到什么，而是我们成了什么样的人。

总结：世上只有唯一的一个你

现在，我希望你感受到了自己身上的职业潜力，你也已经知道了获得一份理想职业的所有要素。在这一章中，我们介绍了让你获得自己所爱事业的职业策略及要素。你学到了：

- 如何衡量自己的价值，以及如何获得你应得的报酬；
- 如何打造让你独一无二的技能组合；
- 如何通过访谈探索你所在的职业领域，如何面对大量机会时说"Yes"，同时避免分心；
- 如何扩大视野，从市场和潜在雇主的角度看待你和你的事业，并判断你的价值；
- 如何拥抱不确定性，如何将你的事业视为一场激动人心的冒险。

在下一章中，我们将探索事业发展的基础因素。这些因素不是很明显，但可以帮助你更加轻松地使用本书提供的技能，并获得事业上的成功。

Chapter 2

准备工作：塑造你的心理、能量和声誉基础

安全第一,然后拿工资,最后尽你最大的努力工作。

——我的第一份工作(在3M公司)的上司对我说

要想获得梦寐以求的职业,你必须是一名出色的执行者;想成为一名出色的执行者,你需要为自己设定一些底线和基础。你知道马斯洛的需求层次力量吗?马斯洛描述了达到自我实现阶段所需的五个基础需求:生理需求、安全需求、爱和归属感的需求、尊重需求和自我实现需求。为了实现尊重和自我实现需求,你需要先要满足前几层需求。

如果你身体健康、人际关系良好、银行里有存款、工作稳定,那么创造理想的职业就会更加轻松。所以,我们要为我们的事业建立一些基础,并在此基础上培养稀有的、高价值的技巧。本章所涉及的三大基础是心理、能量(精力)和声誉。

心理基础

心态

我曾向《轴心法》(*The Pivot Method*)一书的作者珍妮·布莱克询问,什么是职业生涯中最重要的技能。她回答说,要有正确的心态。在商业教练界,我和我的同事经常说,我们的工作就是5%的商业策略加上95%的心态训练。两名世界顶尖的运动员在比赛中碰到，那么他们的输赢很大程度上要取决于他们的心态。《终身成长》（*Mindset*）一书的作者卡罗尔·德韦克（Carol Dweck）告诉我们，我们要以"成长型思维模式/心态"（growth mindset）进行思考、工作，决不能处在"固定型思维模式/心态"中终老。成长型心态是一种基本信念，即你认为你可以不断学习、成长并获得新的技能。而固定型心态则认为，你的技能和天赋水平是由先天因素决定的。拥有成长型心态的人，很少在意自己是否表现得聪明，他们会花更多时间学习，进而获得事业上的更大成功。想要获得成长型心态，我们必须克服对自己能力的不安感。关乎你未来职业生涯的许多关键因素——例如合作、创新、分享和反馈——都是建立在成长型心态基础上的。

共情与情商

埃丽卡·德旺告诉我，强大的情商是"连接思维"的重要组成部分。在《不会被机器替代的人》（*Humans Are Underrated*）一书中，作者杰夫·科尔文（Geoff Colvin）表示，有些事情只有人类才能为彼此做到，而不是机器人或人工智能（科尔文，2015年）。其中一项就是共情，这也是科尔文所说的"关系经济"的基础。那么，我们如何才能拥有更强的共情能力呢？

丹尼尔·戈尔曼（Daniel Goleman）在开创性著作《情商》（*Emotional Intelligence*）中，将情商（Emotional Quotient，EQ）定义为一个人感知和调节情绪的能力（戈尔曼，1995）。在学校中，共情能力高的学生的成绩往往会更好，因为他们能够更好地管理自己的情绪。同样，情商越高的管理者越有说服力，他们也会成为更好的领导者。戈尔曼建议，你可以模仿他人的姿势和肢体语言，这有助于你理解对方的感受。在第七章中，我们将学习更多关于身体和情感相互影响的内容。

作为"冒险艺术"的主持人，我注意到冒险也可以培养共情能力。因为旅行者和冒险家总是要依赖他人的善意，去体验不同的生活环境。你可以在工作中多与他人交流，参与社区活动，去旅行，或者阅读不同文化背景的书籍，这些活动都可以培养你的共情能力。

意志力

我经常让我的客户在工作的同时接受身体上的挑战。除了帮助他们掌握日程安排的技巧，我们还会通过马拉松这样的身体活动帮助他们培养意志力。我们都是思维上的吝啬鬼——人类的大脑天生就倾向于用更少的精力和更简单的方法去解决问题。正因为如此，我们每天的意志力和决策力都极其有限。改善这种情况的方法有两种：获得更多的意志力，或者减少意志力的使用量。我们可以通过锻炼来获得更多意志力：当你的身体在痛苦中燃烧，呼喊着让你减速或停下时，你必须通过坚强的意志力来保持高水平的身体活动。你要强迫你的身体保持在你想要的状态，而不是它想要的状态。类似马拉松之类的活动锻炼，就是在训练你持续将意志力运用在某项活动中的能力。在第四章的美国前总统奥巴马的事例中，我们还会学到如何安排我们的生活，进而充分利用我们有限的决策力。

本书的目的之一，是通过帮助你提高自身价值，进而提高你的自主性。我遇到过很多想辞职自己创业的人，他们告诉我的第一件事就是：他们不喜欢为他人做事。强迫他们为他人去做自己不想做的事，仅仅这一点就会燃尽他们所有的意志力。如果你在为别人做事，那么一定要有自己的自主性，不要盲从他人的命令。

习惯

我们心理基础的另一个关键是：培养好的习惯。要想保持长期事业成功（和幸福），强大的习惯至关重要。因为习惯可以帮助我们下意识地做出好的行为。在《习惯的力量》（杜希格，2012）一书中，我们学到了习惯回路（habit loop）这个概念。习惯从暗示开始，暗示会培养惯常行为，惯常行为会给你带来奖励。例如，吸烟的坏习惯可能是这样形成的：来自老板的训斥（暗示），养成了你吸烟的惯常行为，奖励就是紧张情绪的释放。不过，你可以在暗示和奖励不变的情况下，改变这个习惯回路中的惯常行为。比如，你可以培养自己通过弹跳热身来释放压力，进而取代抽烟的惯常行为。一旦了解了习惯对行为的影响方式，你就可以通过习惯调整你在职业发展中的各种行为。

有时，仅仅有改变习惯的知识和意图，并不足够。当第一次学习"魅力"时，我为自己设置了一个触发器：每当我穿过一道门，我都要挺胸抬头保持微笑，为自己和他人带来积极的能量。我想帮助你也培养出这一习惯，因为当你进入房间，人们第一眼看到你时，对你的第一印象就形成了；所以我选择了"门"作为我习惯行为的触发器。如果你决定用某种特定方式来推动你的事业，比如乐于助人、快乐、勇敢，你可以在手机上设置一个每隔几小时就响起的闹钟，提醒自己培养这些习惯。请将习惯当作打造成功事业的基础进行思考、实践。

思维模式

我的导师瑞克·汉森（Rick Hanson）是一位神经科学家，他的工作是帮助人们获得永久性的快乐。人类基因中的某一段决定着我们快乐与否。不过，我们也可以通过神经重塑进行后天干预。神经重塑的意思是，大脑中的神经元会随着我们的不断学习形成新的连接、思想和记忆。我们将在第五章中充分探讨对这一知识的利用。正如我们可以通过学习改变我们的快乐水平，我们也可以改变或重组自己的思维模式，以与过去不同的方式进行工作。如果你能让你的思维模式进入一种最佳状态——在这种状态中，你不会阻碍自己，不会让自己置身事外——那么你将克服实现梦想的最大障碍。汉森的建议是，花二十秒或更多的时间去回忆、享受那些快乐经历。当然，也可以通过日记重温这一天的积极体验。通过这些做法，将你的思维模式从"解决问题"中解放出来，将你的问题从"这么做会出哪些错"转换为"我们怎样才能让它效果更好"。

你的个性源自你的思想，但思想并不是你的全部。每一天，你的大部分想法都是相同的，这意味着你每天的经历也十分相似。如果你的生活体验不再乐观、积极，并且一直保持如此，那么你就要改变你的思维方式。

消极的想法会吞噬你。我看到过很多有类似经历的人,他们本来有活力、有激情、有动力,但消极的思维模式让他们一蹶不振,最终淡出他们的职业领域。你千万要小心,不要重蹈他们的覆辙!那么,要如何才能避免消极的想法呢?如果你不留给它们任何进入的空间,全神贯注于你的工作,或者进入了自己的理想状态,消极想法就会无孔而入。如果你心存感恩之心,消极想法也会自然消失。因为在人们心中,感恩之心与消极想法很难共存。

快乐工作

肖恩·阿克尔(Shawn Achor)在 TEDx 演讲中告诉我们,职业成功中只有 25% 是受智商影响的,剩下的 75% 来自你的乐观程度、社会支持,以及将压力视为挑战而不是威胁的能力。阿克尔说,大多数人的成功秘诀就是更加努力地工作。对他们来说,成功是未来快乐和幸福的基础。一旦人们取得了一定成就,他们就会把目标设定在更高的位置上,并不断地将自己的快乐和幸福推向遥远的明天。阿克尔鼓励我们以积极的、快乐的基础开始职业发展,这会让我们更好地进行工作,并获得更大的成功。一旦进入积极的思维方式,你的大脑就会分泌大量的多巴胺,它除了能让你感到快乐外,还会激活大脑中所有的学习区域。

> ◇ **练习：随机的善举** ◇
>
> 给某人写一封表扬或感谢的邮件，或者通过社交媒体发送类似的信息。肖恩·阿克尔发现，这个简单的行动可以帮助人们专注于事物积极的一面，并让其大脑处于更高效的状态。

控制脑海中的图像

如果我告诉你"别想冰淇淋"，你会怎么样？你的大脑中可能会立刻出现冰淇淋的样子。你脑海中的画面来自于你这一整天的思考、交谈、写作和其他经历。

当你强化一种积极的行为（一种有益于你事业的习惯）时，你就增加了它再次发生的可能性。你要如何强化一种行为呢？谈论它，讲述你成功的故事，分享你的成功。然后在你的脑海里重放一遍；将它写下来；明确地告诉自己哪一部分做得最好；赞美别人的出色表现。

另一方面，由于我们对消极事物的自然关注，我们常常会不由自主地强化我们脑海中的消极图像。然后我们会陷入重蹈覆辙、自责的恶性循环。于是，我们会关注并指责他人的错误，会抱怨与他人的关系。

从演员到运动员，所有类型的"表演者"都在不停地排练自己的场上表现。奥运会金牌得主、心理训练师兰尼·巴沙姆（Lanny Bassham）创建了一个心理管理系统，可以帮助运动员控制自己的思维，进而提高运动成绩。将你的理想中的完美技巧和表现在大脑中具象化，在你的大脑排练中，你可以每次都做对、做好，进而完全避免所有的负面信息。通过在大脑中排练，我们会对自己的行动更加熟悉，未知感觉的减少意味着恐惧感的降低（巴沙姆，1996）。

你要接纳自己获得的成就，并为之自豪。当坏事发生时，有些人会说，"只是我运气不好"。那么，如果每次好事发生时，你都说"只是我的运气好"，情况会怎样呢？当你在大脑中排练一些不同凡响的行动时，你要不断对自己说"我就是那种会做不同凡响事情的人"来强化这一点。这样，当你真正表演时，就会轻车熟路、如鱼得水。

理解自己的想法

如果我们想要拥有强大的心理基础，第一个重要的行动，就是将无意识的思想转化为有意识的思维。这意味着我们要能观察自己的想法。正念练习可以帮助你做到这一点。在本书中会出现不同的冥想和正念练习法。你要知道，因为你每天的日常生活、经历、社交活动基本上都是一样的，所以你的大脑每天接收到的信息也是一样的，这些相同的信息会进一步加强你的既有思维方式和习惯。慢慢地，这会成为让你感觉舒服的日常生活。即使我们不喜欢这些思维模式，我们也会不停地回到这个心理锚点，直到我们意识到要改变这个模式。

追逐你的火焰

没有行动，就没有结果；没有欲望，就没有行动。雄心壮志，就是驱使你渴望事业成功的那团火焰。让我们看看两种不同的职业道路选择——一条路是你正在走的道路，除非你做些什么，否则它将继续下去。我想，自你拿起这本书起，你肯定渴望着更精彩的职业生涯。另一条路是新的职业道路，它更具意义、更有吸引力、更令你满意。请注意，千万不要把雄心壮志和贪婪画等号，这样做会破坏你可能会获得的成功。花点时间环顾四周：你坐的座位，你周围的建筑，你居住的国家，这些都是某些人的雄心壮志带来的。在第九章你将学到，为未来的自己寻求职业挑战，这一切都是值得的。而且与今天相比，未来的你将会拥有更多技能、信心和人脉，更大的雄心壮志也会在你的能力范围内。绝不要因为你现在的能力，而限制你的雄心。雄心壮志的重要组成部分之一，是贡献和给予。即你想要带给他人什么，或者还给他人什么。它的另一个组成部分，则是与他人的关系。

许多人在事业之初渴望着成功，当他们达到设定目标时，就会放松下来，停止前进，失去雄心壮志。如果你有抱负，有雄心壮志，你就可以找到职业生涯所需要的解决方案——正确的技能、策略、支持等等。那么，你要如何保持自己的饥饿状态？要如何保持初心，雄心不改？

有时，一个盛大的生日聚会，一点衰老的痕迹，一次重大的身体危机，或者是孩子的出生，都可能会重新点燃你的动力。因为这些会让你思考自己的生命和死亡。当你走到生命的尽头时，你会询问自己什么问题？你是否充分利用了自己所有的时间？你对此满意吗？好消息是，人类天生就是雄心勃勃的、好奇的、动力满满的生物,但失败或者他人的失败预言,都可能让我们脱离成功的正轨。如果你已经失去雄心壮志,那你要问问自己是怎么失去它的。如果你已经失去了雄心壮志,你就不会将自己与更伟大的事业联系在一起,只会去做那些容易得多的工作。仅仅觉得自己应该有雄心壮志,并不会让你真的拥有。

你是谁

我们的思想、行动、行为模式、成功等,都来自于"我是谁"。花两秒钟想一想这个问题。这意味着,想要达成你的事业目标,并不需要改变一百万件事,你要改变的只有一件事即"你是谁"。例如,参加一个会议,我可以写一个长长的列表提醒自己的表现:微笑、友好、自信、说话流畅、记得赞美别人等等。但问题是,当我集中注意力去做一件事时,就会忘记其他事。这无疑是一条艰难的道路(有些行为改变起来很难)。还有另一种简单的方法:如果你以一种和善的、自信的、充满领导力的态度出现在大家面前,所有这些行为都会自然地从你身上流露出来。

商业教练、澳大利亚"成功男士"(The Successful Male)运动创始人罗恩·马尔霍特拉(Ron Malhortra)告诉我,要想获得事业上的成功,我们最先要做的,就是找出自己是谁。在内心深处,我们都想知道自己是谁。我们想知道,当我们面对人生中最大的挑战和巅峰时刻时,自己是否有能力做到这一点。你知道我喜欢冒险,我认为这是发现自己是谁的最佳方法。冒险意味着把自己置身于各种陌生的环境中,你必须依靠自己才能渡过难关。冒险是一个伟大的自我实验,可以让你观察自己在艰难状态下的反应。

那么,什么是"你是谁"的基础呢?在访谈中,教练兼作家克里斯汀·哈斯勒(Christine Hassler)告诉我,你在做你喜欢的事情时所体现的品质就是你真正的自我。举个例子,当我在巴厘岛的丛林中探险时,我充满激情、兴奋、勇敢、足智多谋、好奇并乐在其中,这只是我当时众多表现的一小部分。在不同的时间和地点,我们也有不同版本的自己。当你和最好的朋友在一起时,第一次见你伴侣的父母时,或者领导召开董事会时,你的表现都是不同的。

我们都有自己的盲点,虽然我们可以更仔细地近距离观察自己,但却无法看到一切。好消息是,你有朋友、同事、家人、老板等,他们会注意到一些你无法看到的事情。这种积极的反馈非常重要,所以你要经常询问他们在你身上看到了什么。在他们的嘴里,你又是谁呢?他们认为你最好的品质和最大的弱点是什么?他们看到你有怎样的潜力?

能量基础

善待你的身体

头脑是你实现成功的最强大工具,但别忘了它也是你身体的一部分。如何学习并成功保持身体的健康,这已经超出了本书的内容范围。但是,你要尽你所能去保持一个强壮的身体基础,这样你才能让你的大脑处于最佳工作状态。我喜欢将能量看作身体能量和精神能量两部分。身体能量使你有精力进行长时间工作;精神能量可以让你保持饥饿感。

我们将在第七章学习身体和心灵的连接方式。你可以通过身体活动来改变你的感觉。占据更多空间的舒展姿势（也称为力量姿势）可以提高你的睾酮水平，并降低皮质醇的分泌。动物通过抖动身体减轻压力。在逃脱野狼追赶后，羚羊会摇晃身体恢复状态。人类也有同样的能力！你有没有听过泰勒·斯威夫特（Taylor Swift）的歌曲 *Shake It Off*（《甩掉它》）？如果我们不充分利用这一点，压力就会慢慢渗透入我们的身体组织——这就是为什么你的肩膀在经历一天工作后会变得紧张僵硬，以及为什么按摩会让你感到如此放松。

振奋精神

每年，我都会进行一次年度回顾，并给来年定一个主题。冒险作家布伦丹·伦纳德鼓励我将2018年定为"振奋的一年"（The year of being stoked）。振奋（Stoke）是指你对自己所做的事情充满热情、喜悦和兴奋，并将其发挥到极致。在访谈中，我们谈到了冒险搭档的"振奋感"对冒险家的巨大影响。伦纳德告诉我，"如果你的攀登搭档全情振奋地出现在你面前，你成功攀爬上巨大岩石的概率也会显著增加，而你投入其中的精力以及获得的乐趣也会相应变多"。你可以决定自己是"振奋起来"还是抱怨不停，那么为什么不选择"振奋起来"呢？

和很多人一样，刚刚进入大学校园时，我决定对自己的人生进行重新规划。出于某种原因，我决定做一名海盗（当时我认为海盗很酷，因为第二年电影《加勒比海盗》就要上映了）。不管怎样，我决定要让自己成为一个不在乎规则，我行我素的傲慢角色。这让我感到兴奋无比，自信油然而生。这个故事要说明的是，我尝试去决定自己的感受方式，而且做到了。我们都曾有过这样的经历：我们想要变得勇敢或快乐，然后这些感觉就出现了。这意味着我们有能力控制自己的感受。

你的感觉控制着你的能量水平。如果你感到快乐，即使最困难的挑战也不会让你感到为难；但如果你感到沮丧，微小的困难也会让你裹足不前；如果你很容易发怒，那么你就不会积极投入到与他人的合作中。

什么样的感觉能带给你最大的能量？我最近和一位客户交谈时，她告诉我她想再次感受到狂野和自由，就像年轻时那样。她还想将所有的消极想法都抛诸脑后。于是我们决定，每当她感到不高兴或不安时，她就要积极主动地让自己恢复到积极、狂野和自由的状态。

> ◇ **练习：决定你的感受** ◇
> 我们所做的一切，都是为了追求某种感觉。每天选择三种你最想拥有的感受，然后感受它们。

环境

环境也会对你的思想产生引导作用。这包括了你的家庭、你的财产、你读的书、你遇到的人、你进行的对话、你生活的地方，等等。这些是你的思想和经验的来源。所以，我们要精心打理自己周围的世界,让我们的事业和生活达到最佳状态。

你身边的物理环境非常重要。你听说过风水吗?风水是中国人在设计建筑物和进行房间布置时,掌控能量流动的系统。《怦然心动的人生整理魔法》(*The Life Changing Magic of Tidying Up*)一书的作者近藤麻理惠,一直在帮助人们管理他们的生活环境,以此让他们更加快乐、更有效率(近藤麻理惠,2014)。近藤的整理方式是,用手触摸物体,并观察自己的感觉:如果这件物体能够激发你喜悦的情感,就保留它;如果不能,就感谢它为你所做的服务,然后处理掉它。在清理物理空间的同时,你也应该清理自己的思想。对于像我这样的"流动型"企业家来说,"只保留最有价值的物品"是件轻松的事情,毕竟当你飞行到另一个大洲定居时,能带上飞机的只有一两个箱包。我试着只买那些我认为自己会使用十五年以上的物品,这样我就不用费心清理物品了。当我终于有了一间足够大的房子来展示我的旅行纪念品时,一定会很有挑战。我可能得单独设置一个"博物馆房间",用来收集我从世界各地获得的数百件艺术品。

在《寻找天才》(*Geography of Bliss*)一书中,埃里克·韦纳(Eric Weiner)周游世界,寻找地球上最幸福的地方。他发现,人们的生活环境对他们的幸福感有着深远的影响(韦纳,2008)。摩尔多瓦(Moldova)是世界上幸福感最低的国家之一,因为那里的人们觉得无法掌控自己的命运。瑞士则风景怡人,人民富足。瑞士人可以选择自己的未来,而且他们的火车很准时。韦纳说:"文化是海洋,我们一直在这汪洋之中游行。它无时无刻不在,以至于我们都无法注意到它的存在，直到我们离开它。它比我们想象的还要重要。"

我在几十个不同的国家生活过。我知道接近大自然对我来说很重要。在理想情况下，我的屋外有一条可以让我远足和骑行的小径。但在很多大城市，这是无法实现的，所以我必须找到一条接近大自然的最快路径。我也知道自己不喜欢开车通勤，所以我的工作地点离家从没超过十五英里[1]，这样我可以骑车上下班。即使在明尼苏达州圣保罗市的零度天气下，我也可以做到不依赖汽车。

吉姆·罗恩（Jim Rohn）有句名言："取和你在一起时间最长的五个人的平均数，就是你。"（格罗特，2012年）如果你经常看新闻，那么你的谈话中就可能会出现制造恐慌和耸人听闻的信息。如果你经常和跑步者在一起（就像我在大学时那样），那么你们相当一部分话题会围绕跑步展开。你的信息源头和接收的信息，将会对你的思想产生深刻影响。

韧性

我们的高效工作能力，取决于我们的身体功能。我们会因生病而失去工作时间，这是无法避免的，但我们可以提高从病痛或挫折中恢复的速度。

失望往往来自于事情的结果与我们的期望不相符。这可能意味着某些事情没有按计划进行，或者我们认为自己不够好，又或

1.1 英里约为 1.6 千米。

者只是因为生活无常、运势不好。当我们抱有未满足的期望时，我们就会进入一种消极的、昏昏欲睡的感觉，就像克里斯汀·哈斯勒在访谈中描述的：一种"期望不满的宿醉"。解决这个问题的方法之一是用达成协议取代期望。例如，你手下有一名员工，你想在周五中午前收到他的报告，你可以问他："我们是否达成了协议，你会在周五前把报告交给我？请对我重复一遍我们的协议。"如果你一直期待他人的鼓励（比如父母），但他们从来没有给过你，你或许应该考虑换个人。克里斯汀·哈斯勒这样说："如果你真的想吃玉米片，你绝不会去中国餐厅。"

泰国是世界上幸福感最强的国家之一，但泰国人并不直接追求幸福，他们的幸福来自于对活在当下的关注。这对我们的职业抱负来说，又意味着什么呢？哈斯勒告诉我们，在追求梦想的过程中，我们必须保持高水平的意图心和低水平的期望值。这意味着，你要为了实现目标而尽全力努力，但是面对无数的可能结果，不要将所有期待都放在一个地方。

一旦经历"期望不满的宿醉"，负面情绪就会占据你的大脑和内心。当你能观察到这些情绪，却不做价值判断时，你就可以更好地处理它们，而不是深陷其中。这意味着，你必须愿意去感受那些让你在生理或心理上感到不舒服的情绪。当我们处理"期望不满的宿醉"时，最重要的一个误区是，大多数人都想快速地克服消极情绪，而不想花时间去探究自己的反应。

我们的目标是，减少消极情绪对你的冲击，以及"期望不满的宿醉"的出现频率。

> ◇ 练习：理解你自己的想法 ◇
>
> 在快进入第三章的自由写作练习部分时，我们先了解这项技巧的工作原理。当你正在经历让你不快的想法和感觉时，进行自由写作——尽快将你的负面情绪都写下来。一旦你觉得已将情绪中的负面信息都释放出来了，你可以将那张纸烧掉。然后，带着更自由、更开放的心态进行第二次自由习作，这一次，你可以清楚地看到你的经历和学到的教训。我从终身体育（Life Athletics）的创始人尼克·伍德（Nik Wood）那里学到，你要不断问自己："我能从中学到什么？"

声誉基础

专家地位

招聘广告上常常这么写："本职位要求学士学位和五年以上工作经验。"但这些要求并不精准，它们只是过滤器，目的是筛选出更可能拥有所需工作技能的候选者。雇主雇佣你不是为了你的文凭，而是为了工作所需的特定技能。

在不断变化的劳动力大军中，总有一些刚刚被创造出来的新职业。它们没有学位课程，也没有获得相关经验的官方渠道，因为它们是全新的。因此，你需要做的是：在大学学位和专业证书之外，建立自己的专家地位。

专家地位是指在职业领域内，你的专家身份认知度或声誉。成为专家有许多指标：写过专业书籍、上过电视、主持过播客、做过演讲、写过博客、参加过会议、被客户推荐过，等等。这些都可以让他人更加了解你。

展示你的工作

只有积极采取行动，你的工作和事业才能发展。我喜欢奥斯丁·克莱恩的《人人都在晒，凭什么你出彩？》（*Show Your Work*）一书。他认为我们应该更加公开地展示自己正在创造的东西（克莱恩，2014）。如果你正在做对世界有益的事情，那么就不要躲起来。如果你想对世界产生重大影响，情况也是一样：如果没有人能看到你，你就不会有足够大的影响力。

你要培养自己"完成事情"的习惯。作家斯科特·扬（Scott Young）告诉我，当他完成了一项重大挑战后，人们对他的作品更感兴趣了——他只花了一年时间（而不是四年）就获得了麻省理工的计算机科学学位（详见第五章）。我在节目中采访过的冒险家们，他们都是在取得了耐力、速度或探索方面的巨大成就之后，才能成为专业主持人并有机会登台讲述自己的故事。

你的个人品牌

在我参加自行车比赛的那段时间里，我也在家乡圣路易斯的一家名为"Hub"的自行车店里工作。这是一家新的自行车店，不仅要与城市里其他的自行车店竞争，还要承受新兴的互联网销售的压力。但是，自行车店的联合创始人们每年都能成功地增加客户和收入。这是为什么呢？因为他们在该地区还有不少其他店铺，他们成功地利用了这些已有的个人品牌。当他们的新店铺开张时，忠实的顾客也会跟随过来。这些客户之所以如此忠诚，是因为创始人们与他们建立了良好的关系。这些关系不仅仅建立在自行车知识上，还有有趣的活动、打赌挑战和免费啤酒。

职业和商业策略师珍妮·布莱克这样对我说：在餐饮业，厨师更像是一种日用品，他们必须屈从于市场的奇特想法，但那些名声在外的大厨们永远都会有机会。所以现在，不管你选择什么样的平台，你都要分享强有力的观点，并多多谈论你的工作。如果你在脸书上的朋友或同事不能准确地说出你擅长的领域，或者不知道该把你推荐给谁，那就说明你的个人品牌建立得还不够好。现在，我们正在进入个人品牌的时代。在我写这本书的时候，脸书的算法已经变得更加倾向于个人内容。这意味着，如果你想通过社交媒体提高收入，你就必须建立自己的独特品牌。你可以通过谷歌搜索了解你的现有品牌。你可以购买带有你名字的网址（YourName.com）并使用这个网址发送电子邮件（Name@YourName.com）。在建立个人品牌方面，我看到的最常见的错误就是：把自己隐藏起来。他们之所以不谈论自己，并不是因为这让他们感到不舒服，而是因为他们缺乏自信，并且不知道要如何分享自己。我们将在故事讲述章节中对此做更多的研究。

基础系统

如果说有什么你在职业生涯中需要反复进行的事情，那无疑是建立一个可以帮助你解放时间和认知能力的系统。有些人被困在某些事务上,他们一遍又一遍地重复工作,力求更快,但这样做只会限制自己。如果你能创造一个好的系统,你就能在保证工作质量的同时创造更多的时间。如果你花五个小时自学电脑系统的所有快捷键,那么在接下来的一年里,你每周都可以节省一个小时的时间,你的时间投资回报率超过1000%。如果你教会你的团队如何做决定,他们就不必每次都问你,所有人就都节省了时间。我读研究生时,有一位生物信息学教授,她对电脑文件名称格式有一套自己的标准,并要求我们严格执行。她希望每个项目的文件夹名称格式都一样,因为她有二十名学生,这些学生每个星期都要提交数个项目,她要处理的文件太多了。多年来,这项技能为我节省了无数的时间,因为我总是能以最快的速度找到我要的文件。

你每天的日程也是一个系统。你将在第四章学习到任务转换的成本。我们可以通过分批处理类似的工作来节省这一精神成本。举例来说,你不必随时查看邮件并第一时间回复每一封邮件,你可以每天安排两到三次的时间,专门阅读并集中回复邮件。约翰・李・杜马斯(John Lee Dumas)每天都会发布一期名为《火上的企业家》(*Entrepreneur on Fire*)的新播客,但在制作时,他会把一周的访谈集中在一天完成。这意味着,在这一周的剩余时间里,他可以自由地专注于其他活动。

◇ **练习:记录你的胜利,以及你的成功模式** ◇

创建一个文档,记录对你的工作赞美、褒奖、每日成就和成功故事;记录你为取得成功所做的一切——你做出的决

> 定,你实现成功的方式。如果你获得了长期的成就,把经验一步一步写下来。你在为谁服务?你的成就起到了怎样的影响?这次成功让你感觉如何?回顾这些胜利,它们有什么共同点?哪些因素对你的成功至关重要?你注意到了哪些成功模式?有没有你没有记录过的任何胜利,无论大小?你有没有低估、轻视过自己?

结论

在本章中,我们学习了心理、能量和声誉基础。将它们与本书其他章节中的技巧结合起来,你会发现获得并维护这些基础很轻松。这些基础是让高绩效者年复一年取得优异成绩的底线。心理基础十分重要,它能让你更快地学习,更富有创造力,更好地管理你的情绪。能量基础可以让你在一段时间内保持高质量的工作输出。声誉基础可以让你利用过去的成果获取未来的机会。

Chapter 3

提升创造力,
快速解决问题

看看你的周围：你所看到的一切都是从一个想法、一个创意开始的。有人设计了你坐的椅子，创造了你正在阅读的语言，建立了你生活的国家。简单地说，创造力就是我们提出想法/创意的方式。据奥多比系统公司（Adobe）对来自三大洲共5000人的调查显示，80%的人认为释放创造力是经济增长的关键。然而，只有25%的人认为自己正在发挥自己的创造力（奥多比，2012年）。

创造力是一种可以提高几乎所有其他技能的技能，与本书中传授的其他技能也非常匹配。本章会给你一些实用的方法和思维方式，它们可以帮助你即刻释放创造力，无论你身处哪个领域。此外，我们还将研究阻碍人们发挥自身创造力的因素——隐藏在我们大脑中的审查者，它对我们想与外界分享的创意十分严格。在访谈中，马克·李维对我说："我发现，人们不提出新想法的原因之一，是害怕自己看起来很蠢。另一个原因则是，他们没有产生新创意的工具。"最重要的是，提升创造力是一项艰巨的工作，因为这需要你脱离惯常的思维方式。所以说，我们需要创造性思维的工具和框架。

一旦人们释放出自己的创造力，他们会乐在其中——但也正是他们自身对创造力的看法拦住了他们的脚步。创造力常常被认为是艺术家、设计师和作家的专属物。同样，重大决策也往往被视为是董事会的专有职责。但是像谷歌和脸书这样的公司，正在改变我们看待创造力的方式。例如，科技和旅游行业的领导者会通过将艺术引入工作场所，鼓励员工畅所欲言，提出改进公司的新想法；他们还会通过新项目培养员工解决问题的技能，从而建立创造性的办公室文化。在谷歌公司，工程师们可以将20%的工作时间花在他们感兴趣的项目上，因为公司领导者们相信这会让他们的本职工作更有效率（赫，2013）。

在商界，人们越来越认识到，创造力能带来更加积极的结果。据研究显示，创造力对生产力有着积极的影响，因为它增加了个人的动力和激情，并鼓励人们运用创新性方案解决问题（琼斯，2014）。就连律师事务所也看到了创造力的好处：创造力技能——如故事讲述、共情和展示自身弱点——有助于员工更好地理解客户并与客户沟通（希默尔曼，2017）。

创造力不仅对商界有积极的影响，对我们来说，也有着非常大的好处。实际上，我们天生就有创造力。《快乐大脑的习惯》（*Habits of a Happy Brain*）一书的作者洛蕾塔·布鲁宁（Loretta Breuning）告诉我，创造性地解决问题会触发大脑中多巴胺的释放，给我们带来幸福感。从进化的角度来看这种生理反应具有重大意义：我们的祖先在为了食物探索新的领域，或者扩大基因库时，会接收到这种奖励，刺激他们继续行动。米哈里·契克森米哈赖（Mihaly Csikszentmihalyi）在《心流与创造力》（*Flow and Creativity*）一书中写道，"设计或发现新事物"这种感觉，往往出现在人们进行最喜爱的活动时，从攀岩到下棋都有可能（契克森米哈赖，1996）。

你可能会说,"只有创意并不会让任何事发生",你是对的。执行也是创意的一部分。但你必须先有一个想法/创意,然后才能实现它。下面是一个看待创意和执行的有趣角度:美国企业家、作家德雷克·西弗斯说,创意只是执行的放大器,就其本身而言,创意一文不值。西弗斯举例说,好的执行价值一百万美元,如果你有一个好的创意,则可以让它的价值翻十倍。创意和创造力本身只能通过执行来实现,所以你需要为创造力留出时间,然后使用本章中的方法和技巧大量实践(西弗斯,2005)。

创造力大冒险

让我们从一个"创造力将不同文化的人聚集在一起"的故事开始。

我在旅行者故事节(Travel Storytelling Festival)上遇到了安妮-劳雷·卡鲁斯(Anne-Laure Carruth),她的故事深深地吸引了我。安妮和她的探险伙伴露西·恩格哈特(Lucy Engleheart)乘坐一辆路虎(Land Rover)环游地中海地区。她们从英国出发,驾车穿越十几个国家。她们的任务是收集沿途日常生活的故事,特别是来自阿拉伯和北非国家(地球上发展最快的文化区域之一)的故事。

安妮-劳雷决定每一天都画一幅画。由于她们开的是一辆产于1970年的路虎,需要大量的维护,所以她们决定将这辆车变成一件"艺术品"。她们与所经之处各个国家和地区的艺术家们合作,一起在车身上作画,于是一辆艺术车"兰迪"(Landy)诞生了。

它承载着不同文化间的交流，一路前行。以下是她们旅程中的几个重要创意主题，我们将在本章后面详细讨论：

- 创意限制：创造力的形式由车的形状、形态决定。
- 创意一致性：在安妮-劳雷每天的创作中，很容易看到她绘画的进步。
- 创意团队合作：如果没有各个国家和地区的艺术家们，兰迪也不会像今天这样如此特殊和有个性。

初学者心态

在第二章的心理基础部分中，我们提到了卡罗尔·德韦克的《终身成长》一书。成长型思维模式/心态或固定型思维模式/心态是如何影响创造力的呢？拥有固定思维模式的人相信自己的创造力是固定不变的，所以没有动力去尝试新的创新方式。而在成长型思维模式下，你可以自由地创新，尝试多种方式，你不需要证明自己擅长某种风格的创新才能去实践它（德韦克，2006）。每天和儿子在一起，我发现孩子们都愿意使用多种方式，来实验并解决问题。这是因为对生活来说，他们都还是初学者，他们不知道如何去做大部分事情。如果你拥有健康的成长型思维，你会发现自己仍会像初学者一样思考，即使面对熟悉的问题也是如此。

让自己体现创造力的最快方法，就是移居到一个文化完全不同的国家去。你被迫在公路的另一侧开车，说一种新的语言，尝试新的食物，学习讨价还价等等。你必须从头开始学习解决日常生活中的所有问题。如果你无法去另一个国家，那你可以和社区邻里一起活动，或者报个培训班学习新的技能，这些活动可以提醒你作为初学者的感觉。对于释放创造力来说，这些方式都很棒，因为它们挑战了你的设想——即你一直以来的做法都是"正确的方式"。

不管什么时候，如果你听到自己说"我是正确的"或者"你是正确的"，一定要注意并提醒自己，避免陷入固定思维模式之中。你可以说"这是一种更好的工作方式"，这意味着可能还有更好的方式等待被发现。在世界范围内，我发现一个现象：人们普遍固守第一个解决方案，从不想去改进它，因为它已经"足够好"。每当你发现问题或困难时，例如交通拥堵、机场安全落后、网上银行过于复杂等，便说明创新的时机已经成熟。

将创意的产生和审查分离

在本章中，我将教你三种创意工具：头脑风暴、思维导图和自由写作。它们有一个共同点：不抛弃任何想法和创意。我们的大脑里都藏着一个审查员，防止我们说蠢话或写些蠢东西。这个心理机制有其积极的一面，它可以让我们在社会群体中保持良好的声誉和地位。但这种谨慎的声音不利于产生新的、独特的想法。幸运的是，一旦意识到这一点，我们就可以在深入创新的同时，主动避免对这些创新进行审查。

创造性实践

产生很多创意/想法，往往比产生一个好的创意/想法容易得多。在克劳迪亚·亚苏拉·阿尔图切尔（Claudia Azula Altucher）的《成为创意机器》（Become an Idea Machine）一书中，她特别谈到了训练大脑产生大量创意/想法，并利用限制技巧集中精力产生最终创意/想法的过程（阿尔图切尔，2015）。产生的大量创意/想法可以相互借鉴，开辟新的思维模式。阿尔图切尔还谈到了创意是如何产生动力的。当你产生很多很多创意/想法时，那些真正能引起你共鸣的，会对你尖叫着"实现我！"的创意/想法，就是最有价值的那个。对于好的创意来说，执行也是个放大器。你迫不及待将创意付诸实现的激动情感，也会对最终结果产生巨大的积极影响。

> ◇ 练习：成为一名创意生产者 ◇
>
> 每天早上就一个主题提出十个以上的创意/想法，持续一周。到了周末，你至少会有七十个创意/想法。看一看，哪些创意/想法可以应用到其他领域？哪些想法你可以赠送给他人，并帮助到他们？在开始之前，你可以参考以下提示：十个你可以创建的应用程序、十个你欣赏的人、十个你所在行业的营销理念、十种降低业务开支的方法、十个可以帮助你节省时间的系统……现在轮到你了，写下你的十个内容！

创造力自信

为了将自信运用到创新性思维中，我们需要培养自己应对错误、失败的能力。在"冒险艺术"播客上,访客们常常告诉我,要习惯并欢迎"不舒适",或者每天都做一些让自己害怕的事情。匈牙利作家吉尔吉·科拉德(Gyorgy Korad)说,"勇气只是一小步一小步的持续积累"(凯利,2013 年)。斯蒂芬·普雷斯菲尔德(Stephen Pressfield)在《艺术之战》(*The War of Art*)中围绕"抗拒心理"(the risistance)谈论了很多。"抗拒心理",是你在处理一个让你有点害怕的重要创意/想法时产生的感觉(普雷斯菲尔德,2003)。所有这些都是说,我们可以通过日常实践,逐渐提高、掌握创造力。一旦你允许自己创新,你就会拥有创造力。

你独特的创意品牌——多元智能

我就读的小学,以哈佛大学教育学教授霍华德·加德纳(Howard Gardner)的多元智能理论为基础进行教学。按照该理论,人类的主要智能类型有(加德纳,2000 年):

- 音乐;
- 空间;
- 语言;
- 数理逻辑;
- 身体运动;
- 人际;
- 内省;
- 自然探索;
- 存在。

我不想在这里探讨整个理论，但从已有信息可以得知，我们都是这些智能类型的组合体。例如，我的老师意识到我是一个身体运动型学习者（我通过不停运动进行学习）。于是，她让我在二年级的教室里自由游荡，只要我不打扰到其他孩子就好。这让我免于遭受多动症药物的荼毒。直到今天，我仍然把运动和学习结合在一起。我的很多哲学性思考，都是在骑行或跑步时进行的。

了解自己的智能类型，可以帮助你创造更轻松的感觉。例如，近几年来，在写作或演讲前，我常常会通过参加舞会来开拓创意。

你可以在网上进行免费的快速自我评估，了解自己的智能类型。当你选择职业发展方向时，选择可以让自己规律地运用自身智能类型的职业，这会对你的发展有较大帮助。举例来说，如果你和我一样是身体运动型智能者，成为一名"表演者"会比当图书管理员更让你感觉舒服；语言智能者可以选择成为图书管理员、记者或作家；数理逻辑智能者可以考虑金融、计算机科学或医学方向的工作。

如果你的职业让你感觉沮丧，你可以在现有工作中加入与你的智能类型相一致的元素。例如，如果你是一名管理者，主要智能类型为自然探索，那你可能会享受一边在公园里散步一边召开团队会议。记住，你的智能类型、技能和生活经验的组合是独一无二的，这世界上没有其他人能与你相同。因此，对于所有创新性工作来说，你都是宝贵的补充力量。

创意工具 1：如何进行头脑风暴

头脑风暴是一个非常有价值的工具，它可以产生绝佳的创意/想法和解决方案。在 3M 公司和 Napkin Labs（餐巾纸实验室公司）开发新产品时，我几乎每天都带着关于"冒险艺术"项目的想法参与头脑风暴会议。头脑风暴可以自己做，但最好是以多元化小组的形式进行。

以下是进行头脑风暴的一些指导性原则：

- 不要对任何创意/想法进行审查；
- 借鉴、发展他人的创意/想法；
- 不停地提出新创意/想法；
- 专注于主题；
- 放开思维，提出疯狂的创意/想法；
- 如果可能的话，以视觉模式呈现，比如，以绘画或表演形式展现你的创意/想法。

头脑风暴塑造了我与他人交流的方式，因为其中一个原则是：不要放弃任何想法。这意味着我得要先静静聆听，然后才能表达我的想法。好的脱口秀表演的重要表达方式是"是的，而且……"，这种方式在头脑风暴的交流中一样重要。不对任何创意/想法进行评判，这比其他任何头脑风暴原则都要重要，它可以帮助你产生更多的创意/想法。

借鉴、发展他人的创意/想法，这是以小组模式进行头脑风暴的最大好处之一。那些好的想法，往往漂浮在零碎想法之中，离我们仅仅一步之遥。接触到的想法越多，以它们为基础创造出新创意/想法的概率就越大。这就是大城市居民创造力高出小城镇居民300%的原因——摘自史蒂文·约翰逊（Steven Johnson）的《伟大创意的诞生》（*Where Good Ideas Come From*）。通过团体头脑风暴，提出创意/想法，并在会议中改进成形，这与单独进行头脑风暴相比，可以节省大量的时间（约翰逊，2010）。

如果你不停地提出创意/想法，你最终会克服我们大脑中的审查者。很显然，它一直在等着拒绝我们超前的、不正常的想法。快速构思会让你没有时间去思考创意/想法是否不可行。事实上，你应该等到头脑风暴的末尾阶段再进行评估。记住，其他人都指望着你的大量想法，以此激发自己的创意和想法。

头脑风暴时，为什么要鼓励疯狂的想法？当进行自由联想时，大部分人都会处于正常的想象范围内。如果从蓝色开始，最常见的联想就是"天空"。此时，如果有人扔出荒谬的、明显失实的联想信息时，其他人的自由联想就会变得更有创意（凯利，2013）。所以在头脑风暴会议上，想法越疯狂，每个人的思维就越自由，产生的创意也就越多。

最后，把你的想法写在黑板上，圈出你喜欢的其他想法，在你认为有关联的想法之间画一条线；使用橡皮泥大致捏出一个你想要呈现的创意效果；通过角色扮演展示你的创意效果；使用不同颜色的笔进行书写；使用卡通和奇怪的符号进行标识。或许是我太喜欢头脑风暴了，董事会的会议结果常常像是古怪读物与马戏团海报的混合体。

> ◇ 练习：如果是这样…… ◇
>
> 这里有一个简单的方法，可以在开始头脑风暴会议前，就让你的创意止不住地喷涌。那就是：提出一个反现实的问题，让你的想象疯狂起来。"如果世界像……一样，那会是什么样子？"如果人们能飞？如果天上下钱雨？如果地球上所有人都说同一种语言？如果地球引力每天都变换一次方向？

创意团队

IDEO 是我最喜欢的公司之一，它的团队以多元化闻名。与你的个人网络一样，你的团队应该尽量实现年龄、文化和职业的多元化。每个人都会带来不同的思维模式，这些模式可以相互补充（凯利，2013）。如果你是个体职业者，请与他人分享你的工作，然后获得他们的反馈。一般情况下，我们无法预测自己的哪个创意效果最好，但他人的反馈可以给我们很好的参考。

团队的互动规则和多样性同样重要。例如，我最近参加了一个名为"天才之家（House of Genius）"的活动，在那里企业家们可以推销自己的商业理念，并从一个"天才"团队中获得建议。这些"天才"只有六十秒的时间（或者更少）提供建议，而且直到晚上活动结束时，他们才能公布自己的姓名和职业经历。与会者可以说"+1"表示赞同，在一天的活动中，他们可以吸收很多经验和想法。在这种模式下，所有人关注的都是创意/想法本身，而不是建议者的身份和地位。在短短的半小时内，二十位专家集中精神回答各个热门领域的问题，并取得了实质性的进展——我见证了整个市场的转折点。由于不允许插嘴，主持人的节奏也非常快，所以所有发言者也必须说的既清楚又快。当你在组织自己的创意团队会议时，也可以这样做：事先制订一些规则，然后请一位领导者或者主持人主持会议。

限定你的思考范围

缩小你的思考范围，实际上是可以扩展潜在的创意/想法的。想象你面前有一本填色书，页面上的线条限制了作品的图案，但是你填色的方法却无限多。《快书写，慢思考》作者、顾问马克·李维告诉我，与其试图想出所有可能的创意/想法，不如缩小你想要的创意/想法的类型范围。从最奇怪的限制开始，强迫自己换一种思维方式。

李维举了个例子：试着提出最坏的创意/想法。在这一要求下，你可以进一步缩小你的思考范围。马克说："让我们看看各种最坏的想法。首先，让我们想出所有我们能想到的最无聊的想法，那些让人无聊到尖叫的想法。然后，再想想，有哪些真正危险的创意/想法？有没有可能引发诉讼的想法，或是实现代价十分高昂的想法？有没有什么排斥女性的创意/想法，或是排斥男性的创意/想法？有没有排斥孩子的创意/想法？所有这些分散的内容，最终都会汇聚在一起，加速其他创意/想法的出现。"

然后他接着说："假设，你想赚一百万美元。你怎样才能在一小时内赚到一百万美元？假设，你需要在一小时内赚到一百万美元。谁会给你这笔钱？你会卖给他什么，或者为他做什么？如果你无法在一小时内赚到一百万美元，那一天赚到一百万美元如何？或者让你一周、一个月赚到一百万美元，你会怎么做？然后我们会进行其他假设，但我总会尽量做到具体、小巧、平实。"

创意工具 2：思维导图

思维导图是将一组创意／想法以可视化角度展现出来的工具。与列表展示不同，思维导图将创意／想法分散在页面各处，并给予它们同等的权重（同样，你要将创意／想法的产生与审查分离开）。

我的朋友卡罗琳·韦勒（Caroline Weiler）是视觉故事地图（Visual Story Mapping）的创始人。当她研究这个概念时，她对我进行了几个小时的访谈，听我讲述我的人生故事。她一边与我对话，一边以思维导图的模式记下我讲述的重要概念和事件。慢慢地，我人生中重大决策的主题和模式浮现出来。作为人类，我们最伟大的能力之一就是识别模式（很多世纪前，我们就可以在浩瀚的群星中识别出星座）。

现在，每当开始一个新的项目或商业冒险时，我都会先制作一个思维导图。商业模式、市场形势、客户、团队、执行策略等，只有把这些都写下来并制作成思维导图，我们才能真正理解行业大局。思维导图可以帮助我们找出那些最重要的关键点：我们可利用的杠杆是什么？什么东西最有价值？我们会在哪里被绊倒？

创意工具 3：自由写作

在读研究生时，我发现了"自由写作"这个技能，通过这项技能，我可以更好地理清自己的研究想法。马克·李维对"自由写作"这个名称的解释是："它就是将你从通常的写作规则中解放出来。通常写作规则的存在，是为了你与他人更加顺畅地沟通。但是自由写作的目的，就是让你了解自己的想法。这与其他人无关。"

"我必须开始整理我的想法。我必须开始将大脑中分散的想法整合在一起。我必须开始思考那些平时不去想的事情，进入思想中不同的部分。"

◇ 练习：你的第一次自由写作 ◇

坐下，设定一个十分钟的计时器。选择一个你想关注的话题。开始写，写得越快越好，不要停下来。

◇ 练习：脱口而出 ◇

这是马克·李维在《快书写，慢思考》中"帮助他人获得最好想法"一章中提到的双人练习（李维，2010 年）。李维说，他是从克里斯·巴雷兹-布朗（Chris Barez Brown）的《如何获得好点子》（*How to Have Kick Ass Ideas*）一书中学到的这个练习方法（巴雷兹-布朗，2008）。这种方法可以让你绕过内心中的审查员，在十五分钟内完成一个解决问题的循环。

> 在练习中，A 要先尽可能快速地描述他们正在处理的问题。
>
> 然后，B 有五分钟时间对 A 的话语进行反馈，并提出自己的解决方案。
>
> 最后，A 有两分钟时间回应自己想法的变化，以及自己试图解决这个问题的方法。

运动与创造力

约诺·林尼（Jono Lineen）徒步五千英里穿越喜马拉雅山，并写了一本关于此次冒险的书籍。但他花了十二年的时间，对这本书进行了多次修改，最后才完全理解了自己此行的目的。最初，他认为这次旅行是为了了解该地区的文化、地理和精神传统。最后他意识到，这其实是他消解自己痛苦（他的弟弟英年早逝）的一种方式。

林尼意识到，对他来说，徒步远行就像是冥想，用来帮助他处理自己深层的情感问题。徒步旅行可以让我们接触到更深层的思想和真理，这些我们在日常生活中是无法获得的。我人生中的一些最重要的决定，都是在徒步旅行时做出的。因为放松的环境可以让你与自己的内心自由地对话。运动还可以释放多巴胺，让你更富有创造力（多巴胺是创造力的重要来源）。运动也可以将人们的注意力从无效的解决方案上移开。（奥德里奇，2013；史密斯，2016）。同样的事情也会发生在骑行，以及其他不需要高度注意力的运动上。洗澡也有类似的效果，有时洗着洗着，好点子就会突然蹦出来。当你感到被束缚时，你可以通过散步或其他运动来提高自己的创造力。

放松注意力

散步或徒步旅行的另一个好处是，它能让你放松注意力。《创作者的一天世界》（*Daily Rituals*）一书探讨了从科学家、画家到哲学家、作家，这些最富创造性个体的日常活动。这些伟大的思想家中的很多人，会在早晨努力工作、挥洒他们的创造力，然后在午饭后散个长步，有时一天要进行多次。你暂时将问题抛在脑后，可以使你的思想和问题之间拉开距离，让你的大脑得以放松。午后小睡或早晨刚刚醒来的一段时间，你也能体验到这一感觉（柯里，2013）。

> ◇ 练习：创造力正念 ◇
>
> 在访谈中，约诺·林尼提出了一种步行正念练习法：先明确你想解决的问题。在散步开始时不要去思考它。等你发现自己的注意力已经转移到他处，再将注意力集中在这个挑战上，就像在正念冥想时不断将注意力集中在呼吸上一样（林尼，2015）。

跟随你的好奇心

我是靠提问发展起我的事业的。在我做播客之前，我是一名科学家，工作要求我提出各种类型的问题。在《好奇大脑》（*Curious*

Mind）一书中，电影制片人布莱恩·格雷泽（Brian Grazer）谈到自己如何向有趣的人提问，进而创作出他最优秀的电影，包括《阿波罗13号》《美丽心灵》和《八英里》（格雷泽，2015）。在你的职业生涯中，你也会对你的同事、雇员和管理者感到好奇。帮助他人反思他们的工作，可以让你了解并获得更好的合作方式，以及更好地帮助他们。你也可以表现出对他人生活的好奇，进而加强同事间的联系。

在商界中，了解客户或产品的最终用户是件非常重要的事。在帮助客户解决问题时，我经常让他们先进行市场调研访谈，与真实的人进行交谈，准确地了解他们在特定领域遇到的问题。如果你听到活生生的人使用语言与你交流，在对话中有些问题一遍又一遍地出现，你就有可能会感觉到灵光一现，答案自然地出现在你脑中。这种访谈可以帮助你摆脱自己的思维模式，了解他人真实的想法。

创造力环境

产生创意的另一个重要因素是：在哪里练习、实践你的创造力。人们工作的空间越大，创造力就越强，因为他们的心理空间与他们感受到的心理扩张性相关（拉特纳，2017）。身处自然环境时，工人们感受到的压力和精神疲劳会更少（格罗夫斯，2013）。大多数小学的走廊都会陈列各式各样的艺术品、画作、雕塑、名言和其他有趣东西。这可以让孩子们不断接触新的想法和思维模式。在编写本书时，我经常去欧洲城市里的古老的图书馆，让历经几个世纪的学习精神激励我。

我采访了"冒险咖啡（Venture café）"活动全球发展总监特拉维斯·谢里登（Travis Sheridan），他谈到了他如何创造条件，让"创新者之间建立联系，让大事发生"。他每周都会举办活动，通过开放的空间、啤酒、工作坊和临近初创办公室的位置来吸引多元化人群，进行跨学科、跨行业的交流。

当你考虑举办活动时，先考虑一下哪些活动价值会吸引参与者。然后，尽可能让他们轻松地参与进来。"冒险咖啡"具有珍贵的内在价值，因为那里有人为你提供机会和想法。免费的工作坊可以吸引人们。免费啤酒和经验丰富的志愿者让参与活动不那么可怕。每个人都熟悉这个活动，因为它每周都会在同一时间、同一地点举行。

好点子都是偷来的

《好点子都是偷来的》是我最喜欢的书籍之一。在这本书中，作者奥斯丁·克莱恩分享了艺术家如何寻找灵感。我很喜欢《今夜秀》（Tonight Show）主持人大卫·莱特曼（David Letterman）一开始模仿约翰尼·卡森（Johnny Carson），但最终成了大卫·莱特曼的故事（克莱恩，2012）。

你有没有这样的经历：你听到一首歌，心想"我不喜欢这个版本，还是原版唱得好"，结果却发现你之前听的都是翻唱，根本不是原版。

在商业世界中，很多我们十分喜欢的产品，不是"偷来的创意"，就是已有商品的"新版本"。例如，iPod 并不是市场上第一款MP3播放器，但它是第一款由苹果公司生产的MP3播放器。

我有一个习惯，每天早晨我都会花三十分钟时间阅读一篇文章，一篇来自我很想探索的领域的文章。这些文章为我提供了很多新想法，当我创建播客、视频、辅导课程和书籍章节时，我可以进一步探索这些想法。

正如我们将在第四章中看到的那样，随着时间的推移，激情会随着专业知识的增加而发展。说到创造力，我们只有不停尝试才能成长为艺术家，或者拥有创造力版本的自己。

解决你自己的问题

当我开始制作"冒险艺术"播客时，我知道我想和全世界的探险家、冒险家、企业家和有趣的人见面并向他们学习，所以我只是做了一个我自己也会想收听的播客。幸运的是，我的爱好并不独特，很多人也对商务、旅游和冒险感兴趣。

当我思考"我愿意付费参加哪些类型的旅行"时，我意识到，我想要将我的冒险活动和我的业务结合起来，所以我创建了"冒险探索旅游（Adventure Quest Travel）"。当你对某一领域问题非常熟悉时，你就可以更容易想出创造性的解决方案。

相邻可能性与博学者的力量

博学者（也被称为通才），常常会因为现代社会将人按照类型或专业划分而感到沮丧。在访谈帕特里夏·帕金森（Patricia Parkinson）时，我向她询问，为什么兴趣的多样性会增强创造力。

她告诉我，才艺众多的人可以在这些兴趣的交叉点上获得一些创意/想法，而这些想法是单一领域专家们永远无法获得的。史蒂芬·约翰逊（Stephen Johnson）称之为"相邻可能性"——将一个领域内的知识应用到另一个领域的思维方式中，这样做可以产生全新的想法。正如我们将在第五章中看到的，拥有多种思维模式有助于更快地将新创意/想法连接起来。它还可以帮助你将一个领域的创意/想法带入到下一个领域中。

这也有助于引进不同思维方式的建议者/顾问。在《出奇制胜：在快速变化的世界如何加速成功》（*Smartcuts*）一书中，沙恩·斯诺（Shane Snow）讲述了一家医院的故事：该医院请来了一名一级方程式赛车的维修人员，请他建议如何加快紧急手术室的周转时间。一级方程式车队要在几秒钟内更换轮胎及加油，他们了解高效活动的特殊要求（斯诺，2014）。如果你想为你自己的项目引进不同类型的专家，你可以考虑那些与该项目某些工作环节相关的专业人士。在洪都拉斯寻找失落的城市时，考古学家希望调查大片茂密的丛林，于是他们请求军事监视部门提供激光雷达测量方面的专业协助（普雷斯顿，2017）。

留出时间给你的爱好和业余项目，去探索新的领域，你会从中获得创新的动力。

呈现你的作品

你可能听说过，许多作家都经历过一种叫作"作家瓶颈(writer's block)"的东西。这是一种因工作缺乏动力而产生的综合症状，原因在于你对工作缺乏足够的兴趣。有些人声称自己是完美主义者，一直等待着自己投入工作、大放异彩的一刻。但是真正的完美主义者知道完美来自于工作成果的反馈和回应。

最优秀的作家[斯蒂芬·金（Stephen King），撰作了五十四部小说和两百多部短篇小说]、音乐家（披头士，在1962年至1970年间创作了近两百首歌曲）、建筑师[弗兰克·劳埃德·赖特（Frank Lloyd Wright），设计了超过一千栋建筑]和艺术家（毕加索，他一生创作了五万多件艺术作品）往往也都是高产型创作者。简单地说，根据概率定律，你创作的作品越多，其中有价值的杰作就越多。将多产的创作与（可以加速改进的）反馈结合在一起，你就可以再次提高杰作的出现概率。既然我们的目标也是高质量的产出，那么你需要先确定，在你的行业中最有名的、好处最大的产出是什么——即行业如何衡量你的成功？

想象你在黑客帝国中

我在我的客户和其他企业家身上反复看到——他们有一个创意/想法，但出于某种原因，他们会想："我不能这样做/这么做是不被允许的。"他们的大脑中充斥着死板的规则。Iwearyourshirt.com的创始人杰森·佐克（Jason Zook）仅仅靠穿着印有品牌标志的T恤衫，就赚了一百多万美元。他告诉我，他的创造性思维来源于这个问题——如果我是生活在黑客帝国中呢？在黑客帝国中，基本上任何事情都是可能的，所以你可以尝试任何事情。由于从没有人试过穿着T恤就赚到钱，所以佐克就尝试着实现这个想法，而不是否定它。他另一个"跳出固有思维"的创意是,拍卖自己姓氏的一年冠名权。所以,Jason Surfrapp 和 Jason Headsets.com 都曾是他的名字。最后,佐克还成功出售了他的著作——《创意销售》(*Creativity for Sale*)的页面广告位。这些创意/想法代表着商机,这是传统思维或自我审查所不能实现的。

> ◇ 练习:如果是这样…… ◇
>
> 这里有一个简单的方法,可以在开始头脑风暴会议前,就让你的创意止不住地喷涌。那就是:提出一个反现实的问题,让你的想象疯狂起来。"如果世界像……一样,那会是什么样子?"如果人们能飞?如果天上下钱雨?如果地球上所有人都说同一种语言?如果地球引力每天都变换一次方向?

创造力是强大的

在许多宗教传统中,上帝被视为"万物的创造者"。如果是这样的话,那么运用我们自己的创造力就是对神的小小致敬。这是很大的责任和权力。如果你没有给创造力一个出口,它自己也会找到出口的。这就是犯罪的来源。所以,分享你的创造力!如果你没有充分发挥你的创造力,你就是在剥夺全世界享受你创造力的权利。

Chapter 4

深度工作,保持高质量的产出

如果你想在任何职业岗位都能体现出自己的价值，那你就要努力做到最好。要做到这一点，首先也是最难的部分是"找出哪些工作要做"，然后才是尽全力做到最好。

是什么让这个行业的工作如此精彩？你是不是把时间花在了看似紧急但其实并不重要的工作上？你是否觉得待办清单没完没了，你永远都赶不上它的进度？

如果你现在的工作并不要求你努力做到最好，那么在未来它很可能会变得毫无价值。如果你没有努力做到最好，那就表明你的工作可以由他人来取代，甚至在未来，人们将根本不需要这个工作岗位。

当我还是一名食品安全微生物学家，并不停进行重复性实验时，我意识到：其实只需要几天的培训时间，刚毕业的大学生都可以轻松完成这份工作。我唯一的竞争优势是工作效率高。所以说，这个岗位本身就很危险，于是，当2008年经济崩溃时，我是第一批被辞退的人。

这一章的重点

你需要能够大量的、高质量的产出。那么，我们该如何努力做到最好，并始终如一地保持高质量的产出？在这一章中，我们将探索对你的职业生涯影响最大的几件事情，以及满足感和意义带给你的工作力量。我们会教导你像优秀工匠一样看待你的工作——这种要求是很难自行产生的。

不管你的职业是什么，你都要弄明白一点：哪些工作对你的成功影响最大。这一点十分重要。如果你想成为一名作家，最重要的就是写书。精通发布微博信息并不算重要，虽然它可以帮助你树立起"作家"的身份但把你的时间集中在"创造成功"上，这才是关键。在这一章，我们将帮助你确定你应该最优先考虑的日常工作和产出是什么。

我们还会讨论能量／精力。因为能够产生巨大价值的，是你的大脑。改善环境和你的身体状况，可以让你的大脑以最快的速度运转，这是高质量工作的关键。我们还会讨论意志力和日常生活习惯，它们是高质量工作的基础。

卡尔·纽波特（Cal Newport）称这种无须分心就能专注于高认知要求的任务的能力为"深度工作"。也就是说，做最有价值的事情，为世界创造新的事物，解决问题，将你的努力和时间的产出最大化。

开放式办公室环境、定期会议和持续的信息联络，这些是现代工作的特点，但它们都在削弱着我们把工作做好的能力。我们生活在一个分心的世界中，注意力不断受到信息的轰炸。尝试同时进行多任务或频繁切换任务，会导致高达40%的生产力损失及错误率的增加（魏因申克，2012）。所以那些能够抵制噪音、挤出时间，并努力做到最好的人，在任何职业道路和就业市场中都会更具优势。

本书的一个重要主题是，我们希望让你的大脑尽其所能，去做一些只有人类才能完成的工作，而不是陷在回复电子邮件等这些未来人工智能就可以胜任的工作中。小心翼翼、忙忙碌碌，最终却一事无成。

我们还将探讨注意力。集中注意力是一项需要练习的技能。一旦你掌握了"集中注意力"这项技能，那么与没有进行相应训练的人相比，你将拥有巨大的优势，就像拥有超能力一样。

最后，我们会帮助你建立一个可以让你获得更多时间的系统。

首先，让我们从一个故事开始，了解一下"努力做到最好"是什么样子。

五年前我最棒的工作

当我研读微生物学研究生时，我需要提交我的硕士论文（并进行一次演讲），然后在委员会面前接受答辩。这篇论文有七十五页，我花了六个月才写完。在最后一次答辩前的几个月里，我练习了不下二十次。

为了做好演讲，我在我的导师和同事面前排练，也会对着镜子和摄像机独自练习。在演讲练习中，我了解到了自己工作的不足，于是我只得重新回到实验室又进行了几个星期的实验。我让其他博士生就我的论点提出质疑，并温习了我这门课程的所有考试资料。我通过播客和视频学习如何演讲、如何利用肢体语言和自身魅力。

在演讲之前，我还花了几个小时进行练习、增强自信心，因为我知道我要让大脑保持最少四个小时的最佳状态。在演讲中，我放慢了脚步，制造眼神交流，在房间里走动，与听众们保持着精神上的联系。公开演讲结束后，我们移动到闭门会议部分，与会者只有我和该领域的三位顶尖科学家。几个小时后，委员会的提问越来越难。大家都知道，委员会会试图让你失去冷静。但幸运的是，我事前请教过那些已经通过答辩的人士，做好了十足的准备。如果他们问到我不知道的事情，我会告诉他们我将如何找到答案，以及我下一步的行动。

到了答辩尾声，我已经筋疲力尽，几乎无法清楚地进行思考。尽管我已经做好了充分的准备，但在面对难题时我常常卡壳，所以当时，我内心悲观地认为自己不会通过。但最后，委员会告诉我，我成功地通过了答辩，他们还说这是他们见过的最好的陈述和答辩之一（听起来他们也很惊讶）。

我给你讲这个故事是为了说明：成功来自于多年的调研、精心的准备、专注、反馈、目标和计划。我们将在本章中深入探讨这些元素。

你最重要的工作是什么？

决定每天做什么工作，这很重要。我们拥有的时间是相同的，但有些人却能取得惊人的成就。他们和普通人有什么不同？多产的创作者往往也是高质量的创作者。这一部分有两个关键概念：80/20 规则和"打头的多米诺骨牌（Lead Domino）"。

主动使用 80/20 法则（也称为帕累托法则）——思考一下，想要在你的职业领域中获得成功，哪 20% 的活动能带来 80% 的成果？换句话说，什么能让你成为该领域的明星？

第一次一周赚到五万美元时，我放慢了速度，每天只专注几件事。为了赚钱，我要做的只有一件事：与潜在客户进行交流。

这就是"打头的多米诺骨牌"，它可以让其他工作变得更加容易。在很多领域，"打头的多米诺骨牌"甚至会带来巨大的销售效益。然后你就可以赚取更多的收入，获得更多的客户互动，为你未来的业务发展提供更多的信息。有时，"打头的多米诺骨牌"可能是关键的合作伙伴关系或营销关系。有时，"打头的多米诺骨牌"可以解决你的精力和动力问题，让你始终如一的高质量工作。通常来讲，我们都知道哪些任务是"打头的多米诺骨牌"，因为它必然极具挑战性，很容易吓破你的胆，让你不停地将它推迟至明天。这些巨大的挑战会带来抵抗心理，进而产生不适感和恐惧。要想找到"打头的多米诺骨牌"，你要先从自己一直拖延的工作开始。

我建议，当你完成早晨的例行工作后，立刻进入"打头的多米诺骨牌"的工作。这样一来，即使后面有突发事情需要你处理，或者你失去了所有能量/精力，或者你错误估计了时间安排，至少也已经将一天中最重要的任务完成了。

高质量产出

在《高绩效习惯》（*High Performance Habits*）一书中，布兰登·伯查德（Brendon Burchard）提出了高质量产出（Prolific Quality Output, PQO）的概念（博查德，2017）。自我发展书籍作者、学者卡尔·纽波特告诉我，在科学领域衡量高质量产出的关键指标，是在知名科学期刊上发表的论文数量。所以，即使有其他事要做

（比如写书），他也要优先考虑在科学期刊上发表论文。

你需要决定自己事业中的"高质量产出"：什么样的产出会让你更高效、更知名、更容易被记住？你可以选择你所在职业领域中的佼佼者作为自己的楷模，通过他们寻找到你的高质量产出目标。你要对他们进行一些调查，找出让他们为获得现有职位而做的工作，并以此为基础形成自己的高质量产出目标。

一旦你明确了自己的高质量产出目标，这些任务就会成为你的"打头的多米诺骨牌"，这样你就知道每天要做什么工作了。但是，有时你并不清楚完成一个大项目具体要做什么。因此，你可以进一步分解，查看实现该高质量产出目标的主要节点有哪些。拿这本书为例，写完书稿是第一个主要节点，推销本书则是另一个重要节点。

意义与动机

丹尼尔·戈尔曼在《专注》（Focus）一书中告诉我们，做自己喜欢的工作需要的意志力更少（戈尔曼，2013）。如果你的工作体现了你的激情和目标，你就不会觉得它费力。如果你把时间花在有意义的活动上（工作上或工作外），那么每天结束时你都会感觉到满足，并且兴奋地开始新的一天。所以，你要定期检查不同任务带给你的意义感，以及自己的期待。这样做会帮助你将时间花费在有价值的事情上，并让你远离那些无意义的干扰，比如看电视节目或者网上冲浪。

西蒙·辛克（Simon Sinek）围绕"为什么"进行过一次著名的

TED演讲，还出了一本书。你为什么要费心去做艰苦的工作？你的人生目标是什么？你想要什么样的感觉，你想要创造什么，你的工作是如何与这些价值观保持一致的？通常，当我的客户缺乏动力，挣扎着不知所措时；当他们陷入日复一日的枯燥工作，迷失自己时——我会让他们回到他们最初的愿景中去，看看自己当初为什么要创业。你也可以在办公室的墙壁上贴上一张与你的愿景相关的地图、画作，或者名人名言，它们会提醒你向着目标前进。

深度工作

在与卡尔·纽波特的访谈中，我们谈到了他的著作《深度工作》（*Deep work*）。他告诉我，当今世界上最罕见、最有价值的工作，都是在高度专注状态下完成的。在这种状态下，工作人员们将人类的认知能力推向极限。这是机器人或人工智能无法替代的活动。相比之下，浅显的工作是可重复的，它们可以在注意力分散的环境中完成，不会为世界创造任何新的知识，并且很容易被外包或复制。

深度工作有两个部分：一部分是了解你应该进行的最重要的工作是什么，并通过合理安排工作日程，让你在高度专注状态下发挥全部能力去完成挑战。深度工作的另一个重要部分，是快速学习困难事物的能力（见第五章）。

如果你正试图解决一个复杂的问题，或者学习一项极具挑战性的新技能，那么你所有的大脑回路都会参与到这些工作中，还能让你想加强的那一部分大脑回路也得到锻炼。

坚毅

教育理论家汤姆·霍尔（Tom Hoerr）告诉我，我们可以培养的最重要的品质，就是坚毅（grit）——接受挑战并坚持下去的能力。研究人员安吉拉·达克沃斯（Angela Duckworth）将坚毅定义为，"面对挑战，努力工作，即使失败、困顿、停滞不前，也能保持多年的努力和兴趣"（达克沃斯，2016）。对于一群拥有同样才华的人来说，坚毅程度的高低可能是他们能否成功的最大影响因素。如果我们想要努力提高自己、让自己在市场上更具价值，那么尝试和失败是不可避免的。所以，我们需要突破困境的能力。当情况变得艰难时，你可以通过选择坚持，培养自己的坚毅；你也可以请一位商业教练或者同侪、朋友帮助你，坚持目标，不抛弃、不放弃。一位成功的领导者，总是被正确的人包围着——这些人可以帮助领导者克服种种困难。

早上的例行活动

我们知道人类都是思维上的吝啬鬼——我们一次只能进行少量的艰难决策，然后就需要去休息、充电。设定好每天的例行工作内容，可以帮助你节省下大量的意志力和专注力，集中完成那些艰难的、重要的任务。很多人醒来，第一件事就是查看电子邮件和社交信息。这会让我们处于一种高度反应的状态，在这种状态下，我们会感觉时间不由自己控制。

在《早起的奇迹》（*the Miracle Morning*）一书中，哈尔·埃尔罗德（Hal Elrod）提出了一组早上的例行活动安排，可以让你以正确的心态开始一天的工作（埃尔罗德，2012）。我已经采用他的建议对其进行扩展。以下是我建议客户采用的早起例行活动安排。其中每一步都可以持续五至三十分钟，具体时间取决于你：

- 冥想或沉思。通过冥想 [比如凯利冥想法（Kelee meditation）] 对身体进行简单的扫描、调整，会让你更快地进入高效状态。这部分活动通常包括可以改变身体 pH 酸碱度的呼吸练习。[如果你想更深入一些，我建议你学习维姆·霍夫（Wim Hof）的呼吸法]

- 记录工作日志。在日志中，你可以反思昨天的工作，并计划好新的一天。在日志中，你可以回答以下问题：我最感激的三件事是什么？是什么让今天如此美好？今天，我想要的感觉是什么？昨天发生的三件大事是什么？

- 活动或锻炼。我建议，在运动前先喝两杯水。与咖啡相比，活动身体可以更好地唤醒你的身体，那些可以让你伸展主要肌肉群的活动和弹跳练习效果最好。你可以采用塔巴塔（Tabata）高强度身体练习法，在四分钟内进行八组活动（二十秒高强度活动，十秒休息）。

- 阅读和工作相关的（非小说类）文章。（我强烈建议阅读本书！）在关于创造力的章节中我们了解到，将创意 / 想法连接起来并应用到相近领域的能力十分重要。所以，从摄取知识开始你新的一天吧。

- 积极的自我肯定。通过简单的陈述句给自己心理暗示，让自己以最佳状态出现在工作中。内容可以包括你与他人的关系，你的价值观，或者你想让他人了解的自己的某个特点。你也可以大声阅读演讲稿或文章，或是任何可以让你感受到激情的内容都可以。
- 想象练习。我们从奥运会运动员的心理训练中得知，想象练习可以有效提高我们的活动技能。那么，我们当然也可以利用它提高自己这一天的会议和工作表现。闭上眼，在脑海中想象自己以理想方式完成这些任务。你还可以在脑海中将这一整天的工作串联下来，然后通过自问自答的方式寻找可能出现的困难点——我今天会被困在哪里？

每日日程安排

高质量工作既耗费精力又耗费时间。所以，仔细安排我们每天的时间也很重要。有几种不同类型的日程安排方法，可以让你留出大段的专注工作时间。一种选择是，每天在相同时刻留出整段时间，进行需要高专注力的工作，例如，在每天早上的例行活动后。另一种选择是，打破惯常日程几天或几周时间，集中注意力进行某项工作。当然，你也可以放弃一切，在树林中隐居一年。或者，如果你像我一样有个孩子，那你的时间安排可能要变得更加灵活，要能见缝插针地进行高专注力工作。

在《创作者的一天世界》（柯里，2013）一书中，我观察到了创作者们安排时间的两大方式。很多成功人士都喜欢安排大段的时间进行创作，通常是在早上，他们会挤出三四个小时进行高质量工作。像爱因斯坦和马克·吐温使用的都是这种方法。如果采用这种方法，你应该选择一天中最好的时间，专注于最需要创造力的工作，然后把剩下的时间花在不需要太多注意力的事情上，比如回复电子邮件、建立人际网络和发表社交网络文章。

创作者的另一种工作风格与作息更为紧密：他们早晨起得晚，工作得也很晚，有时会连续工作十二个小时，为了完成工作陷入狂热状态。如果采用这种方法，你则需要一个灵活性相当高的日程安排，可以让你为了某个项目放弃其他所有事务。

举个例子，有些人无法在日常的工作环境下完成高专注力工作。他们需要离开惯常环境，去乡下待上一周，让自己完全沉浸在没有干扰的状态中。我在巴厘岛认识的很多朋友，他们必须离开自己的家，安住在这个安静小岛上的一隅，才能安心写作。

找到适合你发挥创造力的日程安排方式，将高专注力工作与生活结合在一起。

示例：如何在旅行中工作

我每天都要做很多重要的事情：花时间和我的儿子阿克塞尔（Axel）在一起；进行工作；花时间和我的伴侣海蒂（Heidi）在一起；进行家庭支持活动（做家务）；锻炼身体，保持健康；与我们将要搬到的（新国家中的）新社区进行联系；学习一些新的技能。

在家工作时，你要确保有可以进行高专注力工作的时间，这非常重要的。如果我每天有三个小时用于创作新内容，那对我来说已经胜利了。在剩下的时间里，我可以进行市场营销工作、培训指导他人、回复电子邮件、建立人际关系网等。卡尔·纽波特说，能够专注于创造有意义的东西，是最稀有、最有价值的技能之一。

在进行高专注力工作时，我会设定好清晰的界限，保证自己不受打扰。当我进行指导或录制播客时，这一点尤其重要。有时我会离开家，与同事在一起工作，这也是一种环境上的转换。当你在家工作时，你的家庭环境必须适合工作。

我开始明白为什么很多家庭喜欢搬到郊区的大房子中去，因为他们只想获得安静。你的房子越大，吵闹的孩子们就离你越远！

在家工作的好处之一是，你可以让公司支付你在家办公的部分费用，比如你的部分互联网和电话账单、餐饮费用，只要这些钱花费在你的工作上。另一个好处是你可以随时开始工作，我已经好几年没有被闹钟吵醒了。

每天早晨，我会从记录日志开始我的每日例行工作。我会回顾前一天进行的工作，看看有没有因为我心生畏惧而推迟的事情。如果有——这是一个好的迹象，因为这样的任务往往很重要。

如果在办公室里工作，你要每个小时都站起来活动几分钟。如果你会议不断，没有其他空余时间，那就把其他任务从你的待办列表上划掉。你可以闭上眼睛深呼吸，询问自己：我身体的哪里感到紧张（对我本人来说是肩膀和下巴）？告诉这些肌肉放松，同时将上一个任务放到脑后，一身轻松地迎接下一个任务。

生理规律与精力恢复

首席执行官们的精神能量消耗，可能和奥运会运动员的身体能量消耗一样多。他们一天到晚都在进行艰难的决策，并进行大量的高专注力工作，这需要大量的精力。前面，我们已经讲过能量（精力）、健康和运动这些基础。所以现在我们来看看自然生理规律和精力恢复的过程。

你可能听说过昼夜节律，也就是控制你每天睡眠—觉醒周期的生物系统。人们还从睡眠中发现一个较短的，大约九十分钟的周期，称为超昼夜节律。但是，超昼夜节律会持续一整天，而不仅仅是在睡觉中。在一天中，我们的脑波频率、能量水平，甚至体温都在不停地上升和下降。那么，在工作中，我们要如何利用这些生理规律呢？答案是，设定一个交替使用高频脑活动（约90分钟）和低频脑活动（约20分钟）的时间安排表（蒂博多，2017）。当你感到懒散或缺乏动力时，说明你应该休息了。从理论上讲，此时你的大脑需要时间在细胞中重新调节钠和钾的比例。你还可以观察自己，在一天的哪些时间里工作最有效率、注意力最集中，然后将你最重要的工作安排在这些时间里进行（法隆，2017）。

认真对待你的休息时间。我们都有一种倾向，就是在高度专注于工作几个小时后，依然会努力去做更多工作。如果你能在两次工作之间，尽量减少大脑的运行，那你在后面的工作中会更有效率。我的方法是小睡或跑步，而且绝不听音乐。在《深度工作》中，卡尔·纽波特建议我们要时不时地"主动体验无聊"（纽波特，2016），这样我们就不必特意去训练大脑放松注意力了。

当我还是一名自行车教练时，我必须教导年轻运动员们如何休息和恢复。因为如果这些运动员太过疲累，无法有效进行最剧烈的训练，那他们的进步就会落后于他人。只有在训练间隔时让身体完全恢复，它才能够适应并承受训练带来的巨大压力。同样的道理也适用于你的大脑。如果你过度专注于某事，超过身体恢复的临界点，那么第二天你的工作就会受到影响。所以，我总是强迫自己在睡觉前至少一小时结束工作，我经常和我的合作伙伴在黑暗中闲聊，我还要尽量减少日落后面对屏幕的时间，因为屏幕散发的蓝光会刺激我们的大脑，让我们难以入睡。

消除干扰

切换任务的成本比你想象的要高。据 Fast 公司称，如果你中断工作，平均需要 23 分 15 秒才能回到原有的工作状态（帕特森，2008）。切换任务会让工作人员出现更高水平的精神压力、时间压力、挫败感和精神负荷。

如果你和很多人一样，在查看电子邮件和脸书消息中开始新的一天。那么，大量待回复信息会让你的焦躁感大大增加。如果你让自己卷进他人的任务中，这就意味着你已经将自己对这一天时间的控制权拱手让给他人。这些行为会让你的大脑一整天都处在"追赶游戏"之中。即使你只是查看电子邮件，并没有立即回复，你的注意力也无法集中，因为你知道自己不得不在某个时间处理这封邮件。我发现，每天早晨当我看到报纸时，我的大脑就立刻开始了工作——它会试图解决所有坏消息背后的问题：饥饿、战争、无家可归等等。但这些并不是我真正需要解决的问题。当你的手机或电脑收到一条消息时,你要决定是否立刻处理这条未读消息,如果你的决定是不立刻处理,那么安排一个合适的时间去处理它。

你应该离开社交媒体吗？

社交网络就是为了要吸引你的注意力而设计的产品。我们花在上面的时间永远不够。如果你想努力做到最好,就要小心社交媒体,因为它是"认知的垃圾食品"。社交媒体会轻松地大量消耗掉你的时间和精力,因为它的设计目的就是让你远离工作,将全部注意力都放在它身上。你要小心使用社交媒体的方式和时间,确保它不会分散你的工作注意力。

如何对自己的工作充满激情？

我们是否应该接受"做你爱做的事,一辈子都不必工作"这个想法？人们常常告诉我,他们想要找到自己的激情所在,并以此作为自己的职业。但如果他们还不知道自己的激情在哪里,"找到自己的激情所在"只会带给他们更大的压力。

事实证明,我们并非天生就知道自己的激情所在。有时候,你需要多年的尝试才能够找到自己真正热爱的职业。重要的是,你要从自己感兴趣的事情开始,让激情随着技能的增长而出现。我发现,提高自身技能可以让我的自主性大大增加,让我能自由选择谋生的工作。其结果是,我对自己的工作充满了激情。

训练你的注意力

领导者们都善于引导注意力。首先，我们必须掌握引导自己注意力的能力。随着集中注意力的能力的增强，你的职业生涯也会得到全面发展。丹·哈里斯（Dan Harris）在《一个冥想者的觉知书》（*10% Happier*）中说，冥想就像是为你大脑进行的专注练习（哈里斯，2014）。我们可以把这个比喻再延伸到运动上，将注意力想象成肌肉。如果你不习惯将精力集中在工作上，那你会觉得很辛苦。好消息是，无须很多时间，你就可以从中恢复。冥想是专注工作的绝佳伴侣，因为它可以减小干扰对我们的影响。冥想也可以帮助你理解大脑的工作和反应方式，尤其是当你开始最具挑战性的深度工作的时候，这一点很重要。你可以将第三章中解决问题的冥想应用在最有意义的工作问题中。

如果你的大脑已经经受社交媒体和互联网的洗礼，会对每一个新的刺激（信息）产生反应，那么你就很难集中精神。我会利用和小儿子在一起的时间，来训练自己的注意力。在我看来，我的集中注意力的能力已经变得十分糟糕——每和他玩耍二十分钟，我就不由自主地想要打开手机查看信息，或者去做其他事（有时我的确忍不住打开了手机）。但我知道，如果我能在玩耍时将注意力全都放在小儿子身上，那么当我面对漫长且富有挑战性的任务时，就会更加专注。

目标

在开始工作前，你可以先花上一点时间，围绕你的工作设定一个目标。你希望达到什么样的结果？你有多少时间？你的目标可以是"我需要三十分钟时间制作一份电邮通讯"。问问你自己，为了完成这个任务，我需要成为谁？让"成为最好的自己"这个目标引领你的工作前行。回到你的"为什么"上来。为什么对我的愿景来说，这个任务是必需的？在这次活动中，谁需要我以最好的状态出现？

心流状态

在努力做到最好的过程中，通常会伴随着坚定的目标、最后期限、反馈以及调整。这是一个完美的氛围，可以让我们进入一种绝佳的体验状态，米哈里·契克森米哈赖在《创造力》(*Creativity*)一书中将之称为"心流"（契克森米哈赖，1996）。心流基因组项目（flow genome project，专注于训练人们进入高级专注状态）创始人史蒂芬·科特勒（Steven Kotler）计算出，要想找到最快进入心流状态的途径，你接受的挑战必须比你目前的技能水平难4%（科特勒，2014）。也就是说，稍微超出你能力范围的挑战，可以帮助你更快速地进入心流状态。

为了"努力做到最好"，你还要为完成"稍微超出你能力范围的挑战"设定个目标（比如限时完成），逼迫自己提高效率。如果最后期限近在眼前，你则更有可能迎接这个挑战。这就是导师和商业教练可以派上用场的地方。我们很难真正看清自己的能力大小，但是你可以和他人一起设定目标。

在设计你的职业生涯时，一定要选择可以不断为你提供挑战机会的那条路。我做过的最糟糕的工作就是微生物学家，因为我在几周内就掌握了大部分技能，这让我感到非常无聊。当我以一名冒险家、教练、作家和播客播主重新开始职业生涯时，我选择了一条可以让我今后几十年里充满挑战的路途。

思维上的吝啬鬼

你可能有过这样的经历：一整天，你吃的都很健康——午饭和晚饭都是蔬菜和主食，咸味小吃和垃圾食品你碰都没碰。但夜深人静的时候，突然间你发现自己被巧克力饼干迷住了，不知不觉中吃光了一整袋。之所以会发生这种情况，是因为你在一天中所做的无数决定（无论大小），耗光了你的意志力和决策能力。

当巴拉克·奥巴马（Barack Obama）担任总统时，他清楚地意识到，自己一定要为那些关乎全球的重大决策保留意志力。奥巴马每天早上都会穿着同样颜色的衣服，做同样的锻炼，吃同样的早餐，所以他每天做出的第一个决定是最重要的。"你看，我只穿灰色或蓝色的西装。"奥巴马说，"我正在努力减少生活中的决策。我不想决定要吃什么穿什么。因为我有太多其他的决定要做。"（刘易斯，2012年）

读完这段文字后，我要求海蒂不要问我晚餐想吃什么，我们中有一个人去解决这个难题就可以了。当你要求别人做决定时，你正在消耗他们重要的意志力。所以，我认为你要给你的团队提出建议（比如去哪家餐厅、进行什么活动），而不是询问每名团队成员想要什么。这么做的另一个好处是，你会成为一名有计划的领导者。

出现

有时候,知识型工作者会出现工作拖延的情况。另一方面,"作家瓶颈"这种东西不会出现在蓝领工人中,因为收银员和汽车修理工无法决定顾客何时上门。即使你的目标只是做深度工作,即使你只是每天出现并进行特定时长的工作,大数定律意味着你实现高质量产出目标的概率也在增加。

瞄准全垒打

如果你必须在做"更多的工作"和"更好的工作"之间做出选择,那就选择"更好的工作"。看看《杀死一只知更鸟》(To Kill a Mockingbird)的作者哈珀·李(Harper Lee)——这是几十年里她唯一一本著作,但她却被认为是美国最伟大的作家之一。来自 YouTube 中 Veritasium 频道的德雷克·穆勒(Derek Muller)告诉我,制作视频的要诀是"瞄准全垒打",即做一支可以像病毒一样疯狂传播的视频,而不是每天制作平庸的视频,期待观看人数会慢慢累积。对于一名企业家来说,这可能意味着在一年内进行三到五次重量级发布会,而不是进行十次或更多小型发布会;这意味着当你做研究时,一定要与活生生的人去交流,找出你的产品的真正需求,这意味着你要获得大量的反馈、信息和测试人员;对于 YouTube 视频来说,这意味着你要在高质量制作上投资,比如购买更好的相机和麦克风,编写更好的剧本,进行更专业的视频编辑。

合作

在《思考致富》(Think and Grow Rich)一书中，拿破仑·希尔(Napoleon Hill)向我们介绍了"智囊团"(mastermind)的想法：一群志同道合的人聚在一起，互相学习和推动（希尔，1937）。我们可以利用同侪的力量让自己做得更好。当你周围都是高效工作者时，社会压力会逼迫你跟上他们的节奏。所以说，你的目标应该是成为"房间里最笨的人"，起码在一段时间内是这样。

与人交往会让你产生新的想法和动力。当时，这种好的想法却产生了错误的行动：开放式办公室的大量普及（其目的是鼓励人们相互接触）。卡尔·纽波特提出了一个更好的模型，可以在鼓励互动的同时，也为专注工作创造出相应的空间，即中心辐射模型，也就是在所有人办公室中间设置一个集中交流区。平时人们可以在自己的私人办公室内进行专注工作；当需要交流时他们可以走出办公室，在集中交流区相互分享信息和想法（纽波特，2016）。当我和其他企业家住在一起时，餐桌往往是合作的中心。所以，为了私人空间和互动二者兼得，你要如何安排你的工作环境呢？

拒绝

一旦知道了自己职业生涯中（每年，每月，每天）的关键产出是什么，你就需要开始精简你的待办事项清单。德雷克·西弗斯说，职业生涯刚刚开始时，你应该对几乎每一个机会都说"Yes"，因为你不知道哪次机遇会让你获得职业上的突破（西弗斯，

2015）。一旦你获得了一定成就，你会发现面前的机会多到你无法处理，此时你就应该有选择地拒绝或放弃。把机会交给比你更有能力或更有兴趣的人，效果会更好。例如，如果你能服务的客户数量已经到达上限，你可以将新客户介绍给你的同事或同行。

同样，如果你发现日常工作待办事项中有一些与你的任务目标不相符的，那么就将它们完全删除，这样做会为你节省大量宝贵时间，去做更有价值的工作。

授权

为了做到合理授权，你需要知道自己最有价值的工作活动是什么。是谈交易，还是在电子表格上计算数字？是准备演讲，还是撰写博客？你要知道哪些活动是高杠杆（可以带来最重要的产出），这可以帮助你决定授权哪些内容。

拥有一支好的团队，意味着你可以把工作活动委托给能和你做得一样好的人。但这也是很多人烦恼的地方，因为我们常常认为"没有人能像自己一样做好这份工作"。这里有一个很好的实践标准：如果这项工作任务不是十分重要，而且这个人可以做到你最好的 70%，那你就应该将这项工作内容授权给他。

为节省时间进行投资

如果你能为自己创建一个系统，为日后的工作节省时间（例如，这个月花二十个小时进行一些工作，可以节省后面一百个小时的时间），那么随着时间的推移，你节省的时间会越来越多。这远比金钱更稀有、更具价值。

节省时间的方法

有很多很简单的方法可以帮助你节省大量时间，比如投资购买工具或服务。我投资购买的工具有：

- 自动化日程安排工具。让我不必通过大量邮件往来就可以安排好会议时间。
- 自动化社交媒体软件。自动给我账号的新粉丝们发送信息。
- 虚拟助理服务。熟练的远程工作者们会帮助我完成某些时间密集型任务。
- 有声读物和播客的倍速播放器。可以让我以更短的时间获取重要信息，如果需要也可以放缓到正常速度。
- 电子邮件模板。当我邀请人们参加活动或联系潜在客户时，邮件中的大部分信息都是一样的，所以我制作了一些可以反复使用的模板，每次只需稍加改动就可发出。
- 为团队制定标准操作流程（SOP），指完成某些常见任务（例如，编辑音频／进行销售对话／编写报告）的具体步骤。通过标准操作流程，团队中的所有人都可以获得相同的工作成果或者做出相同的决策，而无须寻求你或他人的帮助。
- 学习电脑的快捷键设置。在访谈中，费边·迪特里奇（Fabian Dittrich）告诉我，当他带领公司赶赴南美洲时，每天只有三个小时的工作时间，但他还是出色完成了工作，这在很大程度上要归功于他对数据传输工作快捷键设置的学习。

- 电子邮件自动回复功能及固定电子邮件处理时间。不要让他人的紧迫感影响到你！你可以设置电子邮件的自动回复功能，在第一时间回复对方你设置好的词句，这样你就可以每天一次或两次（早晨和下午）集中处理它们。

找出行业佼佼者们使用的、可以节省时间的生产力工具，然后将它们应用在你的工作中。

结论

在这一章中，你已经理解了通过"考虑自己最有价值的产出"，然后"集中精力，努力做到最好"的重要性。你也明白了利用日程安排提高工作效率的好处（包括调整早上的例行活动和管理你的精力）。最后，你获得了集中注意力、委派任务、节省时间和提高工作效率的方法。

集中精力，努力做到最好！这会帮助你腾出时间，去学习可以进一步发挥你的潜力的重要新技能，这一点我们将在第五章中介绍。

Chapter 5

有效利用大脑，成为超级学习者

我们能够快速学习复杂的技能，使用新的计算机程序，适应新的环境，通过知识的积累释放创造力，理解前沿思想，识别事物运行模式并持续不间断地学习，这些就是在不断变化的劳动力市场中保持自身价值的最佳方式。我们在学校获得的学习方法（重复阅读和机械性学习）实在是太过笨拙和低效，无法在信息爆炸的时代保持高速学习。

在这一章中，我们将走近超级学习者、记忆冠军和顶级"表演者"们，观察他们如何利用工具和技巧，让自己一直保持在行业最高水平。这些人包括：在线教育网站 Udemy 的 SuperLearners（超级学习者）课程的创造者乔纳森·李维（Jonathan Levi）；企业家德雷克·西弗斯；学习型黑客斯科特·扬。在访谈中，李维告诉我，人们在学习时遇到的最大阻力，是各个领域产生的大量新信息。不过，我们可以使用正确的工具来克服这种被海量信息淹没的负面感觉。

学习成果分为两种类型：现在就可以帮助你实现目标的技能；以及帮助你形成思维框架，实现长远发展的技能。每天，我都会吸收这两种学习成果：我会阅读与写作相关的技巧，并且立即将它们运用在我发送的电邮通讯中。我也会阅读经济学或历史相关内容，扩宽我对世界的基础理解，为以后链接新创意/想法做好准备。

在这一章中，我们将详细介绍与学习相关的自然生物学和神经学理论，以及如何利用它们进行高速学习，包括如何加快阅读速度，如何记住人们的名字，以及如何保留和回忆复杂信息。我们还将了解如何学习新技能，如何思考实践、寻找导师，在努力学习的同时节省时间。

一旦掌握了加速学习的艺术，你就进入了一个新的层次，可以在玩耍与探索中获取全新的知识。

我是如何学习销售技巧的

让我们从一个关于学习的故事开始。去年，我急切地想获得业务上的发展。在对过去一年工作的自省中，我意识到，销售技能才是帮助我实现业务增长的首要因素。

我以原自行车赛手的心态开始了这段学习，我想学习如何在这个领域中赢得比赛，就像我在读研究生时学习如何培养很难存活的极端生物一样。我知道销售技巧不是几天就能学会的，所以我做好了打上几个月或几年持久战的准备。我做的第一件事就是收听销售类播客，并上亚马逊购买销售类畅销书籍。接着，我会录下自己的销售对话，回家后反复地听和研究。然后我找到了埃米莉·厄特（Emily Utter），她曾以销售教练的身份出现在"冒险艺术"播客的访谈中。这次，我雇用了她。她有一个七步销售课程，是专门为我们这样的商业教练开发的。这个课程中的每一个模块，我都听了好几遍，包括出门散步和骑行时。我甚至跑去墨西哥参加一个分时销售活动（众所周知的高压力销售活动），并记录了他们的销售过程。

我开始理解这些销售概念,并在每次销售对话前做好排练准备。有时,我会与教练进行角色扮演。如果在销售谈话中遇到无法处理的情况,我会向教练寻求建议。解决方案大多是对我表现的细微调整,比如我问话的方式,我表现出的热情,或者我引导对话的方式。以前,我每年都要骑行超过一万英里;现在,销售对话成了我新的锻炼目标,我要完成一百场销售对话。每次对话之后,我都会给自己打分,评估自己对学习内容的执行情况,并将其记录在日志中。我还设置了自动提醒,追踪那些我还没有完成整套对话流程的客户。

结果如何呢?在短短八个月内,我的业务增长了300%,最高一周赚了4.1万美元,我的教练指导技能也获得了提升。像所有运动员一样,我也有休息日,也有发薪日,我的表现近乎完美。除了销售技巧,我还同时学习了很多其他技能——如何建立和管理团队,如何高效获得业务或放弃业务,以及如何利用照片墙等等。

实际上,在这段示例中,我已经使用了很多不同的技巧:深入学习和实践,知识内化,解构,间隔性重复和接受指导。我将在本章详细介绍这些技巧。

找到学习的理由

在旅居西班牙和墨西哥之前,我的西班牙语学习进行得很艰难。不过,一旦我被环境逼迫,每天每时都要使用西班牙语时,便获得了快速学习的动力。所以,当你开始学习某项特定技能时,先要确定自己为什么要学。在你掌握解决问题的技能之前，你可以更进一步地尝试解决问题。这将构成你学习的背景——在什么情况下你会使用你的新知识？你要充满好奇心，如果我们对某项事物感到好奇，那么学习起来也会更加容易、轻松。

刻意练习

"我们能赠予孩子的最重要的礼物，就是他们让自己不断变强的信心和工具。"安德斯·艾利克森（Anders Ericsson）在《刻意练习》（*Peak*）一书中写道。在书中，艾利克森将"刻意练习"解释为"精通某项难度不断提高的技能的过程"（艾利克森，2016）。在本章最后，我们会看到"刻意练习"的具体步骤。"刻意练习"，就是可以在真实世界中帮助你获得成功的宝贵技能。艾利克森指出，在学习新技能之初，基础能力是很重要的，但想要不断提高技能，就只能通过练习/训练。你也是如此，只有练习/训练才能提高你的能力水平。练习/训练的目标是：将技能从有意识能力转化为无意识能力，也就是说，通过训练，你无须考虑，就可以执行好一项技能。

大多数人的问题在于，他们练习到一定程度，达到一定的技巧水平后，就会停止前进。即使他们今后几十年都要使用这项技能（比如开车），他们也会停止练习。因此，如果你已经确认，某些技能会对你的职业生涯起到巨大影响，并能带给你巨大价值，那么就应该突破自己设下的界限，进入世界级的领域。为了继续进步，你需要一个很好的理由，去投入更多的努力；而且还要知道"世界级"的技巧是什么样子,以及将自己训练到"世界级"的方法。

刻意练习的价值有两个:你可以利用刻意练习获得(比他人)更快的进步,或者达到更高的技能水平。让我们从理解技巧开始,然后看看如何将我们的知识应用到练习中。

拥抱不适感

请注意,加速学习会让你感到不舒服。当你通过训练推动自己超越能力范围时,你大脑中的神经元会进行重组,建立新的连接。这正是神经重塑的美丽之处。但是,神经元重组的过程会让你不舒服,甚至痛苦,因为你正在改变大脑内部已有的平衡。在《艺术之战》中,斯蒂芬·普雷斯菲尔德称这种感觉为"抗拒心理",并建议我们将其视为一种标志,表明我们正在努力进行有意义的事情(普雷斯菲尔德,2003)。如果你能学会将这种不适与技能的进步联系起来,那么你就会进入到一种更高层次的、欢迎不适感的状态中。总体来说,在挑战性的练习中没人会感到轻松,但他们更喜欢看到自己的技能获得提高。

解构

在深入理解"刻意练习"之前,让我们先来学习如何解构我们想要学习的技能。这可以帮助我们在练习之前,先确定技能中的重要元素。作家蒂姆·费里斯(Tim Ferriss)在其著作《四小时厨师》(*The Four Hour Chef*)中以解构为出发点,提出了一个学习公式（费里斯，2012）。这个公式就是 DiSSS[解构(Deconstruct)、选择(Selection)、排序(Sequence)、风险(Stakes)]。

在解构阶段，我们要理解构成一项复杂技能的所有单个技能单元。"可学的最小技能单元是什么（就像乐高的单块小积木）？我应该从哪里开始？"费里斯问道。在这里，你可以通过思维导图，将所有技能元素都列出来；你可以从你对该技能的了解开始，列出组成该技能的最小技能单元，并按照你期望的学习顺序进行排序。然后，你可以再请专家或教练帮你补充盲点。

在选择部分，你要选出最有效的练习技能单元来。在这里，我们会用到帕累托原则，即80/20规则，80%的结果来自20%的努力。当然，你可以自行猜测哪些技能单元更重要。但我还是建议，你要向专家和导师进行咨询，确定各个技能元素的重要性。在"冒险艺术"的访谈中，我经常询问嘉宾："如果是你在做我的工作，你下一步会怎么做？"与专家交谈时，你可以请他们列举他们进步最快的案例，这对你很有帮助。因为他们开始的技能单元，与传统的学习、练习可能有所不同。按照前人总结的传统模式进行练习，可能并不适合你。

在排序部分，你要决定学习这些练习技能单元的顺序。

风险即为后果，回到你的"为什么"（你做这件事的原因）。通常来讲，胡萝卜加大棒的练习方式效果最好，即对成功的奖励和对失败的惩罚。在第九章中，我会讲述我和我的伴侣海蒂经常玩的一个游戏，其中的风险就是，失败者必须为胜利者购买按摩服务——胡萝卜（享受按摩）和大棒（购买按摩服务）。

主题沉浸

在解构过程中，你可以让自己沉浸在某个主题中，这种方法对你很有帮助。直到开始写硕士论文时，读了几年研究生的我才真正了解病毒学。在阅读了数百篇科学论文之后，我才开始看到这个领域的全貌，并将我自己的工作与其联系起来。回到最初，如果我想更好地理解这个领域，最好的方法就是从第一堂研究生课开始，让自己沉浸在论文中。正因为这样，我在每天通勤路上收听了数百个播客后，才发布了我的播客。

当我在大学里全神贯注地学习象棋时，有趣的事情发生了。我开始把周围人看成象棋棋子，就像《哈利·波特》中真人大小的象棋场景一样。那时，我知道，我正在以真正棋手的方式进行思考。

所以，围绕你想要学习的技能，寻找相关的顶级播客、书籍、博客、杂志、YouTube 频道和社交媒体大 V，并深入研究这些材料。最近，我就使用这种方法让自己沉浸在照片墙营销、爱彼迎（Airbnb）物产租赁和度假商业的世界中。这种方式工作起来就像一个漏斗：一开始，你会接触大量信息，因为你根本不知道哪些元素更重要。

乔纳森·李维告诉我，他在成功人士身上都看到了这种沉浸式习惯："在商业领域、非营利组织和政府领域中，每一个聪明的想法都是以某个问题的答案这一形式出现的。如果你不读书，你就无法接触到这些重要问题，自然也无法获得相应的正确答案。"沉浸在自己关心的主题中，可以让我们意识到地图上的空白之处——那些还没有人拿出解决方案的地方。如果你曾这样想过："我究竟能做什么？所有有趣的问题都已经解决了！"那么"沉浸"就是你找到自己感兴趣的问题的机会。

"沉浸"工具：速读

如果你决定让自己沉浸在某个主题中，有几种方法可以加快这一过程。快速阅读不仅仅是快速，还要理解并记住所读的内容。快速阅读技能能让你很容易地将阅读速度提升一至三倍，同时增加对关键信息的理解。以下是快速阅读的一些重要方式：

- 只看长单词。长单词才有意义。找出你最近读的一篇文章，重新阅读一遍。你会看到"Of""And""Are""The"以及其他只有两三个字母的单词，就占据了一半的页面。跳过这些单词，意味着你只需要阅读一半内容，你的阅读速度直接翻倍。即使跳过很多单词，你仍然会得到文章想要传递的重要信息。

- 把你正在阅读文字的上一行遮住。为了"更好地"理解文章，我们常常会重读上一句，但这会浪费许多时间。别担心，即使你记不住上一句是什么，你的大脑也会明白文章的意思。这是很轻松就可以证明的：找个人，在你阅读时随时提问，看你是否能够回答出已读内容。我的方法是找一张便签卡，遮盖着文字，一边读一边往下移动。

- 不要在心里默读。我们说话的速度是每分钟 250 个单词，但大脑的思考速度可以达到每分钟 400 个单词（某机构，

2001年）。如果你以说话的速度在心里默读，那么你的大脑就有150个单词的时间空余，它会开小差，会让你分心。大脑运行速度越快，你胡思乱想的可能性就越少，记住的内容就越多。当然，我们没办法做到一点儿都不分心，但我们可以尽量减少分心的情况。

- 消除干扰。阅读时关掉手机和电视，找一个安静的地方。研究证明，同时进行多任务工作会让整体工作效率降低，这是因为任务切换会分散你的注意力（布拉德伯里，2014）。
- 只读值得读的部分。这与学校老师教我们的完全不一样。你不必从头读到尾！你可以只读对你有价值的部分。杂志和博客也是如此。如果一本书没有乐趣或不实用，那你就可以停止阅读。
- 明白自己想从阅读中获得什么。我们要更注意那些适合自己的内容和信息，这和上一点是一致的。此外，如果要寻找特定信息（例如某个名称），你可以通过快速翻看找到它。记住，如果你只需要得到一些信息要点，那就加快速度；如果你必须记忆一些信息，那你就要稍微慢下来。

也试试这个：快速收听

我的好朋友，"旅游智慧"（Travel Wisdom）播客的拉丹·吉拉塞克（Ladan Jiracek）订阅了将近120个播客频道，同时使用像Overcast这样的播客应用软件，训练自己以3.7倍正常语音的速度收听。快速收听的诀窍在于，你要一点一点地提高播放速度，让自己慢慢习惯。快速收听也可以用于有声读物。就像快速阅读一样，你可以通过训练获得让自己舒适的速度。我的建议是，只有当你对收听主题已有大致了解，或者只是快速重温该主题时，再使用快速收听技巧。当然，你也可以使用相关软件加快视频播放速度。

导师

寻找导师是开始学习之旅的第一步——就好像《星球大战》（Star War）中的卢克·天行者（Luke Skywalker）找到欧比旺（Obi Wan）一样。托尼·罗宾斯（Tony Robbins）经常说，学习的最快方法就是模仿偶像（一个已经做了你想做的事情的人）。因为你想获得的成功与偶像已经获得的成功具有高度一致的模式。巧的是，人类的大脑就是一台模式识别器。

与沉浸式学习相结合，导师可以帮助你进行选择和排序，提醒你要避免的常见错误。最好的导师，是那些已经积极活跃在你目标领域内的人。你要寻找那些关注行动大于理论或哲学的人，因为他们犯的错误更多，经验也会更丰富。如果你能找到一位愿意分享自身知识，为下一代（和你）的成功做出贡献的导师，那么你的职业道路会变得更加轻松、顺畅。

被称为"导师型资本家"的琳达·罗滕伯格告诉我，寻找导师最好的方法就是"360度经验法"：你的导师中应该有人比你年纪大，也有人比你年纪小；有些是你行业内的人，有些来自行业外。罗滕伯格说："最好的导师是那些亦敌亦友的人，比如史蒂夫·乔布斯（Steve Jobs）、拉里·佩奇（Larry Page）和谢尔盖·布林（Sergey Brin）。"

我常常向我的客户们建议，在发展战略性合作伙伴关系时，建立起一个私人顾问团，提前（在你认为需要前）为自己找到一些导师。不用担心如何维系与导师的关系，只要这些关系有价值，它们就会自动延续下去。当我还是一名自行车教练（主要面向初学者）时，我会告诉我的车手们：一旦成为一名职业车手，你就要寻找更高一级的教练来指导你，这样你才能获得进步。

谨慎地向导师寻求建议。如果你想开始一段指导关系，你能做得最糟糕的事情，莫过于发送一封这样的邮件，"嘿，大忙人，你能花上不知道多少时间来免费指导我一下吗？"千万不要这样做。你可以：首先尽你所能，利用导师著作、文章中的知识，试着分析、解决你的问题，想想他们会如何处理。当你真的陷入困境时，你可以联系他们说："在书中你说，我们应该试试……我尝试了但没有成功。以下是一些我认为可以解决问题的方法，我应该选择一，二还是三？"

罗伯特·格林（Robert Greene）在《专精力》（Mastery）一书中谈到，"精通"的过程包括观察（被动模式）、技能习得（实践模式）和实验（主动模式）。其理念在于，如果你想发展自己某项技能，你就要把自己放在需要这项技能的工作环境中。永远朝着职业生涯的更高一层前进，并时刻思考自己需要怎样的技能，然后，进入那些可以让你学习更多技能的职位和项目。这就是"因势利导（mentorship by situation）"。

获得专业反馈

反馈和批评性意见,是导师帮助你的主要方式。像音乐或体操这样已经存在了几个世纪的行业中,人们变得越来越专业,甚至突破了各种极限。这种行业的巨大成就,很大一部分来自于知识的积累,以及传授这些知识的方法改进。

一位来自行业外部的导师或教练,可以看到你无法看到的行业大局。作为一名自行车教练,我每日的工作就是,为车手们设计与他们目前技术水平相匹配、并稍微超出他们极限一点点的训练。如果两周后我们还在进行相同的训练,车手的身体已经适应该强度,锻炼就会变得太轻松容易,车手则无法继续进步。同样的,专家型导师可以根据你目前的技能水平和进步目标,帮助你设计出最适合你的练习和实践方式。

逐步掌握

现在,让我们回到"刻意练习"这个环节。练习的方式十分重要。练习的规模与质量从低到高为:从随性而来胡乱练习,到无指导的常规练习,到刻意练习,再到逐步掌握。在《高绩效习惯》中,布兰登·伯查德为他的"逐步掌握"概念制定了一系列步骤。

逐步掌握的步骤:

- 确定你想要掌握的技能。让我们举个例子,比如说你想在销售方面做得更好,因为你知道这将使你的业务获得快速增长。

- 设定具体的进步目标。你决定这个月进行三十次销售对话。
- 在销售过程和结果中,加入高度的情感和个人意义。你需要用销售得来的钱,雇佣你的兄弟帮你。
- 确定成功必不可少的因素(通过解构和访谈)。你确定了一个关键因素:在销售对话中展示产品/服务价值的能力。
- 想象力训练,了解成功(或失败)是什么样子的。每次对话前,你都会在脑海中反复演练你的销售台词。
- 请专家为你安排具有挑战性的实践课程。雇佣一名销售培训师,并与你的销售伙伴围绕销售对话进行角色扮演。
- 衡量你的进步并获得反馈。你的朋友会给你反馈,你的教练则会根据反馈提出建议。
- 练习并与他人竞争。你要跟踪你的销售转化率,并与你的销售伙伴进行对比。
- 挑战越来越难的目标。一旦你成功完成了几次交易,你就要提高自己的转化率目标,并开始接触更高层级的客户。
- 组织一个销售小组,以你近三十次的销售对话为基础和案例,向你的团队传授销售知识。

我学习过几十种不同的体育运动、语言、商业知识和学术科学。在这些经验中,我发现以下几个步骤是最重要的:良好的指导和反馈,以及明确的、具有挑战性的目标。一旦你处理好这些元素,剩下的事自然水到渠成。

正如你将在第十章中看到的,如果你的思维被禁锢在一个没有直接挑战的领域中（比如你是一名业务经理或园丁），那么你就很难让自己的技能获得提高。

一年内获得麻省理工学院计算机科学学位

我成功邀请斯科特·扬做客我的"冒险艺术"播客，这让我十分兴奋。因为他是第一个在短短一年时间内（通常是四年），仅通过远程学习就获得麻省理工学院计算机科学学位的人。斯科特是第一个尝试超快速攻读全日制学士学位的人。"我的目标是，看看能否在教育时长、支出和学习方式上，提高人们对教育的预期。"斯科特说。

德雷克·西弗斯也给我讲过类似的故事，他在表演艺术大学的老师告诉他："正常的（学习）速度是给笨蛋准备的。"大多数大学的教学速度，都是基于学生整体的平均学习速度。但如果你有很强的动力和专注力，你根本不需要那么慢。在超导者领域，我们的首要任务是在不断变化的劳动力市场中，获得新的技能。因此，我们要把目光放在顶级表演者/执行者的学习速度上。

是什么让斯科特以超常的速度完成课程？他结合了注意力（第四章内容）、学习技巧（如间隔性重复）以及一个好的理由——建立在线学习的新基线。因为所有的在线课程，都是建立在前一门学科的基础上的，所以死记硬背（短期记忆）并不可行。与麻省理工学院的普通学生们相比，斯科特能够把更多注意力放在课程上，而普通学生则更喜欢将时间花在课外活动上。

学习与生物学原理

我们可以通过生物科学来提高我们的学习速度。记忆存储在我们大脑的神经元中，所以我们要像生物学家一样思考，了解我们要如何才能最大限度地利用手中的信息。

乔纳森·李维教导过我如何看待大脑的工作："你的大脑在清除无用信息方面非常有效，因为每一点信息都需要维护成本。你体内20%的能量用于支撑大脑，因此大脑利用能量的效率越高，就越有利于生存。"

记忆宫殿

在出现文字之前，古代人类是如何记忆并通过口述方式广泛传播历史信息的呢？让我们回到人类最早的记忆术：记忆宫殿。这与乔舒亚·福尔（Joshua Foer）在《与爱因斯坦月球漫步》（*Moonwalking*）一书中所描述的，现代记忆冠军们快速记忆纸牌顺序的技巧是相同的（福尔，2011）。

这个技巧的关键是，学习者在大脑中想象一个真实的地方，比如一个有很多房间的宫殿，他们通过想象自己徜徉在其中记忆各种信息。当我第一次学习这项技术时，我从一个我熟悉的地方开始——我从小长大的家。你可以将记忆存储在各个房间中（这些记忆越奇怪、越生动越好），每当你进入一个房间，就会触发相应的记忆。为什么这么做会管用？

乔纳森·李维解释说，"视觉标志可以帮助我们有效地记住所有信息。不同感官的记忆效果不同,其中嗅觉和味觉最令人难忘。你永远不会忘记初恋身上的香水味道,哪怕间隔二十五年再次闻到这种味道,你也会瞬间回到那个青涩的时代。不幸的是,除非你读的是一本自带调料的喷香食谱,否则你不会通过嗅觉回忆起一本书。因为你无法闻到知识的味道。"记忆宫殿的原理,就是在一个场景中塞进尽可能多的、不同的感官标记,并将该场景与你想要记忆的信息联系起来——不管是纸牌顺序还是公开演讲内容。

今天我们依旧可以看到古代记忆宫殿的遗存。李维告诉我:"你看,《奥德赛》和《伊利亚特》这些几千年前的作品,它们不断被传颂,从未被遗忘。研究人员已经得出结论:这些故事被保存在一个记忆宫殿里长达一千年,直到被记录在纸上。所以,这些故事流传不断的原因,就是因为它们被保存在记忆宫殿里。"

回忆的重要性

你越难回忆起新学的知识,回忆的作用就越大。重新阅读你刚刚学习到的新知识,这并不困难,因为你已经熟悉其中的内容。但是,这是一个陷阱。这就是大学课本中"章末测试"如此重要的原因。如果你不能回忆起测试中提到的本章信息,那么你最好回去重新学习一遍。同样,当你将学到的技能传授给他人时,你会更全面地理解人们所遇到的挑战。当我在蒙大拿州立大学(Montana State University)教授的微生物学时,我的学生最感兴趣的技能是如何识别现实世界中的微生物。当我在3M公司工作时,我的工作是培训新实习生了解所有实验室程序。在辞职前,我终于提出了自己的安全措施版本，因为我从教学中了解到了真正的风险所在。

在罗伯特·格林的《专精力》一书中，"精通"的最后阶段是实验。这是你大踏步前进的地方，因为你不仅学习到了新的技能，还将以有趣的方式使用它们。假设你刚刚参加了一个关于工作演讲的课程，对一些优秀的演讲者进行了观察，从超导者们那里得到了更多的见解。现在你可以开始利用所学的知识准备自己的演讲，你添加了自己的风格（音乐、机器人或者木偶等），让演讲变得更加有趣。

记忆名字的链接法

在经典著作《人性的弱点》（*How to Win Friends and Influence People*）中，戴尔·卡耐基（Dale Carnegie）建议我们要牢记：在所有语言中，自己的名字永远是最甜美的声音。那么乔纳森·李维是如何记住他人名字的呢？在访谈中，他告诉我："我做了一个双编码系统，比如你告诉我你叫德雷克，我会将这个名字和承载我情感的某些事物联系在一起。首先，我想到我在大学里有个朋友也叫德雷克。现在，我把你和他联系起来了。碰巧你和他头发的颜色一样。所以，我创建了两个链接。如果我和你在某个地方见面，我会将你的信息储存在那个区域，并且在该区域中添加更多信息。"

记住他人的名字，将给你带来建立关系方面的巨大竞争优势。当你记住某人的名字时，他们立刻就知道"你关心他们"，进而更快地建立对你的信任。很多人认为自己只是"记不住名字"，但他们真正要说的是,他们没有心思去学习这项实用的技巧,也没有把记住对方名字放在交流的首位。想象一下:你整个周末都在参加会议。当会议结束时,你一边称呼人们的名字一边和他们道别,大多数人肯定会感觉十分暖心,觉得你们之间的关系更加亲密。因为我们都知道"记住他人名字"不是件容易事,当有人努力记住我们的名字时,我们都会心存感激。

间隔性重复

为了永久性地获得某项知识,你需要能够在未来的某个时间重新唤醒它。所以,我们要每隔一段时间就唤醒一下这些知识,间隔也要越拉越长。乔纳森·李维向我推荐了一个叫作 Anki 的软件:"软件会计算出你大脑的特定遗忘曲线。每一条信息,我们都会计算你记住它的可能性,接着让你使用间隔性重复的方式复习三四遍,然后你就很难遗忘它了。"

另一种间隔性重复记忆法,是从某个学习主题中切换到另一种类型的学习主题中,然后再返回第一个。这也被称为交叉性记忆法,这种记忆法可以消除大量重复性学习的负面影响——大量重复性学习无法让知识进入长期记忆的阶段。

睡眠:锁定知识

上大学时,我的学习策略之一,就是确保自己每晚都有六个小时的睡眠时间,而我的同学们经常通宵达旦地学习。总体来说,这一策略为我节省下了大量的时间,因为我可以更好地记住所学的信息。其余的，就是提前计划好学习进程，我宁愿每天学习一小时，坚持一周，也不愿意考试前花上十小时进行突击。据乔纳森·李维在"超级学习者"课程中所说，研究人员认为睡眠可以帮助我们将信息从短期记忆转化为长期记忆。同时，睡眠还具有清除大脑中有毒代谢废物的重要作用。活跃的大脑产生的代谢废物更多、更快，也就是为什么你进行加速学习时很快就会感觉疲累。在紧张的学习之后，你可以小睡十五到二十分钟，巩固你的短期记忆（李维，2016；罗彻斯特，2013）。

摘录笔记簿

作家瑞安·霍利德（Ryan Holiday）最先向我介绍了摘录笔记这一概念。摘录笔记簿是个纸质笔记本，你可以用它来抄写名人名言、书籍段落和重要思想，以便自己日后进一步反思和消化。20世纪以前，摘录笔记簿已经成为一种广受欢迎的工具，甚至被牛津大学列为教学"武器库"中的一员。弥尔顿（Milton）、哈代（Hardy）、爱默生（Emerson）和梭罗（Thoreau）都有自己的摘录笔记簿（霍利德，2014）。现在虽然有许多人使用云笔记，例如印象笔记（Evernote）和谷歌云盘（Google Drive），但这些都无法替代手写的笔记簿。我喜欢将摘录笔记簿看成是实验室笔记、观察笔记、速写本、思维导图、日记和一闪而过想法的合体。

那么，你要怎样为自己创造一本摘录笔记簿呢？"从阅读到领导（Read to Lead）"播客的主持人杰夫·布朗（Jeff Brown），在访谈中与我分享了在读书时与书互动的方法。我把他的方法称为"目的阅读"。在读书时,你可以问问自己:你同意作者的观点吗?作者表达的主题是什么?有没有什么你希望获得,但是作者遗漏的内容?这对你自己的工作有什么用?马克·吐温会在书页空白处写下自己的想法,甚至会与作者争论。假设你读的每一篇文章,都会成为你的书、你的演讲或是对话的素材,然后在摘录笔记簿中记录下这篇文章的重点。

德雷克·西弗斯的指令

一本摘录笔记簿,会为你带来什么呢?在访谈中,德雷克·西弗斯说:"如果我告诉我的朋友们我刚刚读了一本好书,他们并不会想去找来这本书读一下。他们不想要三百页的轶事、解释和论点论据。他们会说:'告诉我该怎么做'。"

很久之前,西弗斯就在他的播客"Sivers.org"上公布了他的摘录笔记簿。为了准备一系列 TED 演讲,他花了几个月的时间温习了一遍笔记簿,并将所有内容都提炼成了一句话指令:"要么这样做,要么那样做。"

这些指令,是无数萃取过程的积累。一本书,本身就是作者知识的升华(就像你正在读的这本书)。阅读笔记是升华的下一级,最后形成了指令。要理解整本书,并把它总结成一个句子,这需要大量的工作。德雷克说:"哲学的基本思想是思考我们的生活,并通过对这些思想的应用过上更好的生活。知识的应用就是学习的基石。这就是学习的重点。"

想象训练

2006年我生日那天，我赢得了一场自行车赛，这是我从职业赛中退役后赢得的第一场比赛。尽管我经验不足，但我还是获得了最终的胜利。在那场比赛中，一百多名车手的排名都比我高；而且在比赛完成前几分钟，我还冲进了沙地的角落。那么，我是怎么获得胜利的呢？我认为，这次胜利的关键是我这几月进行的想象训练。

研究表明，不需要任何重量训练，仅仅通过想象训练就可以提高力量。在2007年的一项开创性的研究中，研究人员让一组参与者一边听音频，一边想象自己正在进行一项锻炼，并与进行正常训练的对照组进行对比，结果两组人员的肌肉力量都得到了几乎相同的提升（24% vs 28%）（施坦丁，2007）。所以说，在大脑中进行想象训练十分重要。我的一位滑雪教练告诉我，上缆车前的最后一次转弯动作最重要，因为在缆车爬到山顶的这段时间里，我的大脑会不断重放这次转弯的片段。他告诉我，大多数人滑到山脚下时，注意力都会放松，动作也不那么标准，但这会让他们无意识地进入不好的想象训练中。

不管是对身体技能（如打高尔夫球）还是社交技能（如成为一个迷人的健谈者）来说，想象训练都是有效的。想象训练可以让你超越自己的极限。在你的大脑中，你可以完美呈现自己的技能，哪怕你现在连一般的水平都没有。

假设，你正在学习公共演讲的技巧，并通过想象训练领导会议。

当进行想象训练时，你可以从第三者角度想象自己的样子。就像在电子游戏中，你的视角在你身体的后部上方，你可以准确地观察到自己的动作，以及衣着、感觉和移动方式。你还可以观察房间里的其他人，以及他们对你的反应。在大脑中，你可以让自己燃爆全场。如果你的会议表现不尽如人意，那你大可以从头再来一遍，对上一次表现不好的地方进行调整，直到整个会议顺利完成。

总结

在这一章中，你学会了如何通过解构和沉浸学习新的技能。你已经获得了一些工具，可以让你更快地获得正确的知识，比如寻找导师和快速阅读。最后，你了解了如何利用大脑、利用我们的生物系统进行学习，比如间隔性重复、摘录笔记簿和想象训练。

我建议你将本书的每一章都视为自己的技能，并按照每个主题下的详细学习过程来进行。如此一来，你将找到最适合你的学习技巧，就像我在骑行时收听销售课程一样。

Chapter 6

掌握故事技巧,轻松吸引受众

> 没有故事的公司通常也是没有战略的公司。
>
> ——霍洛维茨（Horowitz），2014

一位朋友曾向我征求职业发展建议。于是我们坐了下来，我问他："你是做什么的？"他告诉了我他的工作，但我不知道他在说什么。所以我让他解释给我听。在他解释之后，我依然不知道他在干什么，所以不得不自己进行猜测。你可千万不要像他这样！

在我做过的众多播客访谈中，经常出现的一个主题是：你要能够清晰地讲述你的工作、你做的事情，这十分重要。你需要让他人理解你的话语，理解你的工作。你可以简明扼要地介绍一下，然后留给对方更多的询问时间。当你谈论自己的工作时，你需要表达出自己的价值，同时注意不要让自己显得傲慢。

你可以称之为个人营销、个人品牌或故事讲述，总之，你需要掌握讲故事的技巧来推销自己。在现今的商界，故事讲述十分重要，因为它可以帮助你解释产品或品牌的价值（瓦拉达文斯基·伯格，2017）。如果人们不理解你或你的产品、服务的价值，他们就不会想从你那里买东西或者和你一起工作。

讲故事可以让你有效地从听众那里获得情感回应，让他们与你的品牌社区互动，并最终实现销售（霍华德，2016）。如果你能讲述一个关于你或你的产品、服务的好故事，那么听众们购买你的产品、服务的概率就会更高。

在本章中,我们会将故事讲述作为一种多用途工具进行讨论:它可以在听众中建立对你的信任,吸引听众的注意力,留下积极的第一印象,领导你的部落(tribe)及分享你的价值观。

据《哈佛商业评论》(*Harvard Business Review*)报道,一些最受欢迎的电视广告使用了莎士比亚同款的故事结构——五幕故事法。广告中的故事,会引起人类强烈的神经反应——面对紧张场面时会释放皮质醇,看到可爱动物时会释放催产素。而人体内的催产素含量越高,花钱的概率也就越大。故事可以将观众们的注意力,集中在我们设计的关键点上。故事会与我们的情感联系在一起,进而引导我们采取行动(莫纳斯,2014)。

那么,什么时候,故事会对你的事业产生帮助呢?

当你面试的时候,讲述一些可以说明你的才能的故事,能让你的录取率大大增加。比如,你可以讲述一个自己成功应对职业挑战的故事,这个故事能说明你是谁、你的目标是什么,以及你的能力和技巧水平如何。当你在建立战略伙伴关系时(见第八章),分享一些轻松有趣的故事,可以帮助你更轻松地建立融洽关系。当你试图说服你的伙伴并领导/引领他们行动时,你可以讲述一个充满诱惑力的未来故事,让他们将自己与你的引导的行动联系在一起。当你想改变消费者体验产品或服务的方式时,故事可以让你更容易地被他人理解;它们会帮助你与你的团队建立联系,帮助你激励人们关注、支持你的项目和目标。如果你想让某人雇用你,或者为你的公司提供资金,又或者成为你的商业伙伴,那就给他们讲一个故事，让他们通过故事知道和你一起工作的感受。

在《营销人都是大骗子》(*All Marketers Are Liars*) 一书中，塞斯·高汀 (Seth Godin) 说，"故事可以让人更容易地理解世界"（高汀，2005）。故事可以让我们体验到一些我们可能从未经历过的事情（这就是我读了许多冒险故事的原因）；故事也可以让我们不必经过失败和痛苦，就能够获得相关经验教训，并为可能出现的情况做好准备。同样，你也可以通过故事让他人在雇佣你之前就了解到你的价值。

卡罗琳·韦勒是旅行者故事节 (Travel Storytelling Festival) 和视觉故事地图的创始人。顺便说一下，她也是最早教会我思维导图价值的人之一（见第三章）。我问她，为什么故事讲述是她所有核心项目中的永恒主题之一。她告诉我："讲故事很重要，因为故事能触及人们的心。"

故事可以建立彼此间的信任，因为它们能帮助你与听众建立情感上的联系。根据邓肯的说法，故事讲述是成为一名优秀领导者的关键技能，因为故事可以通过创造情感反应，让人们行动起来（邓肯，2014）。

在本章中，我将向你展示如何在面对面交流、公共演讲及网络中通过故事讲述来发展你的职业和业务。

编写故事

人类是一个独特的物种，只有我们会讲故事。比如我们可以仰望夜空，从浩瀚的繁星中创造出星座，然后再为这些星座编写故事。我们用来传播故事的媒介，已经经过了数十数百世纪的发展。最早，人类通过简单的图画来记录故事。据估计，法国的肖维岩洞（Chauvet cave）中的绘画已有三万年的历史，古埃及象形文字时代距今也已有五千余年了。

正如我们在第五章中学到的，记忆宫殿是口头传颂信息的基础工具。我们使用故事来帮助自己理解记忆的内容，同时，我们的大脑也具有编写故事的能力。我读过一些关于美洲土著部落的书籍，发现这些书籍都记录了一项传统活动：在夜晚围坐在篝火旁讲故事。这些部落的篝火故事，大都是讲述在狩猎和战斗中的勇敢行为。学者们认为，《伊利亚特》作为希腊历史上最古老的一部作品，是经过很长时间的口述传播后才被记录下来的。随着科技的发展，我们获得了大量讲故事的媒体：摄影、电影、电话、收音机、电视、数字媒体、移动媒体和社交媒体。无论在哪家公司，最后决定雇用你、提升你或资助你的，肯定是一名人类领导者。所以，让我们充分利用讲述故事的力量，与这些领导者建立人类特有的联系（门多萨，2015）。

你讲给自己的故事

如果你认为更贵的酒更好，那么它就更好。

——高汀，2005

若想要拥有超高的职业动力，你就必须要确保你讲给自己的故事（关于你是谁的故事）与你的目标相一致。如果你讲给自己的故事与你的目标一致，那么你会在事业上走得更远。例如，如果你相信自己是一名有能力的程序员，那么你将毫不犹豫地去解决一个基础编码问题。反过来，如果你告诉自己你不擅长计算机工作，那么你就不可能去尝试解决编码问题。所以如果你认为自己有商业头脑，善于与异性相处，善于表达等，那么你更有可能在创业、人际关系、演讲等方面采取行动。

随着我的品牌——"冒险艺术"的发展，我不得不去寻求更多的冒险，生活在我为自己创造的品牌和故事中。当你找到一个适合你的故事时，你需要成为那个故事。对于商业故事讲述者迈克尔·马戈利斯（Michael Margolis）来说，故事同时具有工作和个人两种属性。在访谈中，他告诉我："你要学会走出一个故事，融入一个新的故事，就像是对同一事件的新诠释。这是获得自由的最终道路，这可以让你成为自己命运的主人，而不是自己故事的受害者。而这正是通过故事进行转变并获得成功的关键所在。"

所以你需要选择一些关于你自己的、能够帮助你获得成功的故事，并采取必要的行动让这些故事成真。以我为例，我必须经历更多冒险，这样才能不辜负我的品牌和故事。那么，有哪些关于你的故事，可以帮助你达成目标呢？

亲口讲一个好故事

几年前，我、我的朋友山姆·尤恩特（Sam Yount）和一个我们都不认识的陌生人一起乘坐滑雪缆车，他们花了十分钟交流关于农业的故事。在离开缆车前，这个人给了萨姆一张名片，并提议他们一起合伙做生意。

山姆现在是 Lending Tree（贷款树公司）的首席营销官，我记得那时我问他：为什么他那么会讲故事。他说最有趣的故事是自己亲身经历过的。一个好故事会包含很多细节，那些会引起共鸣的、让听众很容易联系到自身情况的细节，可以让他们更容易地站在你的位置进行思考。你要观察你的听众，如果他们被你的故事吸引，那就多丰富、美化你的故事；如果他们觉得你的故事很无聊，那就尽量缩短这个故事。一个好的故事讲述者，可以把一段简短经历变成一小时的故事。你也可以收集那些与故事相关的信息，通过它们扩展你的故事。

好的故事要告诉听众，如何看待、感受故事中发生的事情，这常常是通过你——故事讲述者的视角进行的。因此，当你编写一个关于自己或者自己品牌、项目的故事时，你要思考一下：如何让你的听众们自行得出你想要的结论。

在访谈／面试中使用故事

无论是在媒体访谈，还是在工作面试（或者重要的销售对话）中，你都可以使用故事来表达自己的观点。通过讲述工作、生活中的个人故事，可以给人以"言行一致"的感觉。这些故事会让听众们更加信任你，同时还展示了你作为一名潜在员工或某个领域专家的价值。

你可以讲述自己成功的故事，但不要只夸耀自己取得的成就；你要告诉我们你面对的问题以及你的解决方法。把我们带到你工作的幕后,这样我们就可以看到你成功的真正原因。

如果你某项工作做得非常好,那就把它写下来,并在下次面试时分享这个故事。你还可以收集客户对你、你的公司的评价,并与他人分享你为客户们创造的积极体验。永远讲述你的听众们能听懂、能理解的故事。如果你的访谈对象是一名经常与家人旅行的企业家,那么请讲一个你如何平衡工作和家庭的故事。如果你的听众是想建立个人品牌的新晋企业家,那么请讲一个你开始建立自己品牌的故事。

> ◇ **练习:建立你的故事库** ◇
>
> 列出至少十个你亲身经历的好故事。
>
> 练习按照事情的前因后果,发展顺序,使用最简单的语言讲述这些故事。然后在故事中添加元素——声音、节奏和音调的变化、手势等等。练习使用不同时间讲述同一个故事——一分钟、五分钟、十分钟。在需要快速与新客户建立融洽关系时,你可以使用故事的简短版本;在演讲中,你可以使用这个故事的中等长度版本;和亲密同事在一起时(比如一同开车去参加贸易展),你可以使用这个故事的最长版本。

电梯演讲

当你第一次遇见某人,对方问你"你是做什么的"时,故事真的很重要。你可能听说过"电梯演讲",其做法就是以一种简单直接的方式告诉人们你做了什么。当我们进行电梯演讲时，要尽可能简洁。我们的目标是激发对方好奇心，让对方反过来询问我们。

电梯演讲的关键是，你要准备好一个有趣的故事。一旦你遇到了对你工作感兴趣的人，你就可以拿出它来了。不要一上来就长篇大论，很多时候人们只是出于礼貌才询问你的工作，不是每个人都会对它感兴趣。

我已经创造了一个超级简单的电梯演讲公式，不管你身处哪一行业，你都可以反复使用它。下面的对话示例中，使用的就是这一公式。

对方："你是做什么的？"

你：你知道人们是如何处理（此处填写问题）的吗？我帮助人们（此处填写解决方案）。

对方："真的吗？多给我讲讲！"

你：（此处讲述有趣的故事）。

这个公式的基本理念是：利用最初的回应激发对方的好奇心，然后用一个更长的、有趣的故事来说明你是如何进行工作的，或者你是如何进入这一行业的。你的第一个答案引发的好奇心越强，对方关注你的长版本故事的概率就越大（大卫，2014）。

当有人请我"多讲讲"我的工作时，我可能会讲述一个最近指导工作中发生的故事，比如我帮助一个客户策划并练习演讲，帮助他与他的客户们建立联系。我也可以讲述其他故事，比如我的一位客户如何创办起一家豪华旅游公司的，以及我们拟定的关系建立策略如何帮助他们获得第一批客户。我会将这些案例进行裁剪、修改，让故事更适合我面前的听众。我可能还会提及我正在寻找的客户和机遇类型："我想认识更多刚开始开创在线业务的商业人士，就在线业务话题好好谈一谈。"

公共演讲

很多人都害怕公众演讲。这种恐惧来自"我们想要被他人喜欢，不想成为社会弃儿"的心理。有趣的是，你的听众大都是支持你的。公共演讲培训师迈克尔·波特（Michael Port）在访谈中告诉我，想要成为一名优秀的演讲者，第一件事就是要为听众服务（波特，2015年）。当你通过讲述一个好故事为听众服务时，他们才是受益者。

当我们谈论公共演讲时，我不是说你一定要成为一名有目的的专业演讲者，你也可以在工作中主持会议，或者在你兄弟的婚礼上祝酒——我只希望你能在这些时刻做得更好。

波特告诉我："人们在演讲前会感到紧张，原因是他们想被人喜欢。他们希望人们说，'是的，你是世界上最好的。我从没见过像你这样出色的人'。当他们进行演讲时，他们想要让自己表现的完美。矛盾之处在于，一方面，你真的十分渴望做好演讲。你想一走出场，就语出惊人，技惊四座；另一方面，你又害怕自己搞砸这一切。这两种意图相互矛盾。"

这里有一个让听众们喜欢你的策略：向他们展露你的脆弱。在阅读了布芮尼·布朗（Brené Brown）的所有著作之后，我理解了"脆弱的力量",它可以建立真正的联系。所以我向迈克尔·波特询问,在演讲中使用展示脆弱的故事有多么重要时,他说:"脆弱是一种工具,你应该像使用力量一样使用它。就像笑声、喜爱和有趣,这些你在演讲时也会用的工具一样,你也必须真诚地使用脆弱。你可以让自己敞开心扉,分享自己那些艰难的、与你对听众们的承诺有关的故事。"

当你以真诚的方式使用脆弱时,它可以让你的听众们更信任你,信任你给予他们的建议。这同时也表明,你曾经陷入困境,但已克服困难获得成功。

演讲中的反差

专业看法往往来自组织有序的良好信息。

——迈克尔·波特

即使是最美丽的音符,一遍又一遍地弹奏也只会让人们感到无聊。所以,故事讲述的重要工具之一,就是反差。2015年,迈克尔·波特展示了在公开演讲中使用的三种最佳反差法。

第一,内容反差。故事的组织和框架上的反差。框架有很多不同类型:有数字框架、时间框架、问题解决框架、比较和对比框架,还有模块化框架。再配上你不同的故事内容,你就拥有了多种表达方式。内容反差的表现是这样的:你从一个数字框架(做好某事的五大关键是,A、B、C、D和E)开始,然后围绕其中一点讲述故事,再进入一个问题解决框架,该框架会进一步细分问题并提出另外几个小的关键点,最后进入一个比较和对比框架。

第二,情感反差。波特提醒说:"如果你的整个演讲很有趣,那就太好了,但这只是一种风格。如果整个故事十分紧张刺激,这也只是一种风格。如果整个故事十分悲伤,那就真是让人沮丧了。"我们一直在寻找不同的情感碰撞。所以,我们的演讲要从轻松到严肃,从激烈到幽默,最后再到活泼欢快,让听众们坐上情绪的过山车。这就好像你看自己喜欢电影时的感受。如果你不知道演讲者下一步会带给你怎样的情绪,那么情绪上的过山车会给你非同寻常的体验。

第三,表现方式反差。如果你听过研究生课程(就像我一样),那你就会知道在某些课堂上保持清醒、跟上课程内容是一件多么困难和痛苦的事。教授们通常会站在讲台后面,通过幻灯片进行授课、讲解。但是,讲座、课堂、演讲和表演可以有很多种不同的方式。你可以通过引入视频和音频,创造表现方式反差。迈克尔·波特说:"我在演讲中会使用大量音频,这十分特别。我甚至会和音频中的声音对话,通过这种有趣的方式来证明我的观点。"

以下是我从表演和脱口秀节目中借鉴来的元素,你可以试着通过他们增加你的故事中的反差。请注意,这些工具与下一章中的魅力工具有哪些相似之处:

- 语速;
- 道具;
- 音量;
- 声调;

- 音效；
- 共鸣/回声；
- 语音；
- 口音；
- 情感；
- 身体（姿势、手势、模仿）。

在线故事讲述

在访谈中，故事讲述策划师、专家迈克尔·马戈利斯提出了一个有趣的想法，即"在所有商务会议之前，你的信息都会被搜索一番"。这意味着人们会在网上看到一大堆关于你的"面包屑"，最终引向你的"关于我（about me）"页面。人们在与你见面之前，就已经了解到了你的故事。但是，我们从没接受过应对这一情况的教育，也没有为之做好准备。那么，有什么方式可以让人们通过互联网更好地了解你呢？

每一种讲述故事的新媒介，从口述历史到印刷机，再到社交媒体，都改变了我们讲故事的方式。随着互联网的兴起，《连线》（Wired）杂志告诉我们，人们转向了更具沉浸感的故事体验——人们想在你的故事中为自己塑造一个角色（罗斯，2011）。

我的朋友安迪·奥斯汀（Andy Austin）是《国家地理》（National Geographic）的摄影师，他开创了"冒险自拍"的概念，也就是在传统的风景照里，把人也加进去。当我们在照片中看到一个人时，这个人像的作用有二——他提供了景观的尺度，并允许我们将自己置身于场景中。这样，我们也成了故事的一部分。像照片墙这样的社交媒体平台，你在上传照片的同时，还可以为它加一个标题。照片设定了故事的氛围，标题则允许你走到幕后：照片是怎么拍的？你在照片里有什么感觉？你想分享怎样的体验？你在拍摄这张照片时遇到了哪些挑战？你分享的幕后信息越多，你的社交媒体就会变得越有趣。

这种通过"幕后信息"讲故事的方式，也可以用于其他社交媒体平台，比如脸书和推特。当你分享照片或其他内容时，你还可以和网友们分享你当时的感受，或者这些内容对你具有怎样的意义。

在你网站中的"关于我"页面，以及你的领英个人简介，都可以通过讲述你个人故事的方式，来展示你是谁以及你的成就。你可以谈论你的爱好或兴趣，你可以告诉阅读者你为什么要做这份工作，这样他们就会更加了解你。

在线故事讲述变得越来越重要，因为在很多时候，这就是我们留给他人的第一印象。

通用的基础故事情节

在《网络秘密》（*DotCom Secrets*）一书中，数字营销专家罗素·布伦森（Russell Brunson）向我们介绍了"诱人角色"这一概念（布伦森，2015）。简单来说，这是一种在网络上分享你的背景故事的方式，可以帮助你获得他人的认同。如果你已经建立了一个庞大的客户网络或一个庞大的电子邮件列表，但这些人与你没有任何交流与往来，那么问题很可能出现在你的故事与目标客户的相关性上。营销人员总是忙于建立他们的"知道、喜欢和信任"的感觉。建立这些感觉最简单的方法，就是亲自和对方握手、交谈。但在网络上，我们需要通过故事分享我们的人性特点。

布伦森从我的故事中挑出了六个情节，以演示"诱人角色"的用法：

- 损失和救赎——你失去了一个亲密的朋友，发现了人际关系对你的重要性。你围绕着人际关系设计了现有的业务。
- 前后变化——你曾是一名鞠躬尽瘁、死而后已的"社畜"，现在你拥有了自己的商务教练业务，你为此开心和自豪。
- 我们 vs 他们——你是个珍惜家庭生活的人 vs 那些从没在孩子入睡前回家的人。
- 惊人的发现——你一直在努力实现你的商业目标，但并不顺利。直到有一天，你忽然间洞察到了关键所在，这直接改变了你的工作方式。
- 讲述秘密——你承认自己在刚开始这份工作时缺乏自信（分享你在不自信状态下的一些想法或行为）。
- 第三人证明——你向凯蒂传授了你的公式和使用方法，结果她获得了超出预期的成功。

使用这些元素，进行下面的超级英雄形象练习。

◇ 练习：创造你的超级英雄形象 ◇

以下是如何创造你自己的超级英雄形象，并确定自己的超级天赋：

- 想想你心中的英雄，他们可以是电影英雄、书中人物、摇滚明星、历史名人、体育英雄。
- 列出你的超级英雄们的特征。
- 他们为什么如此深入人心？
- 我们为什么要支持他们？
- 你喜欢他们身上的哪一点？
- 他们的阴暗面是什么？

我们在这些英雄身上看到的，是我们对自己的投射以及期望。印第安纳琼斯，The Dos Equis 的"世界上最有趣的人"[1]，理查德·费曼（Richard Feynman）和吉米·法伦（Jimmy Fallon），他们都是我的英雄。

现在，你已经为自己创造了一个秘密的超级英雄身份，那么这个超级英雄要如何解决问题呢？他们是如何生活的？他们如何保持身体健康？他们会怎样说话？

你可以在"关于我"的网站页面中，以及所有社交媒体上使用这些信息。当你在公众面前展示你的个人品牌时，你可以有意识地扮演这些角色。

---

1. 译者注：The Dos Equis 是喜力啤酒旗下的品牌，"世界上最有趣的人"是该品牌广告中的人物。

讲述具有强大影响力的故事

为了吸引正确的听众,你需要讲一些有影响力的故事。塞斯·高汀告诉我们,"让你的故事变得越来越大,直到它重要到足以让人相信"(高汀,2005)。即使你认为你的生活没有那么有趣,你也可以通过在故事中加入一些强有力的陈述,一些你认为真实的、重要的内容,来增加故事的影响力。不是每个人都会喜欢你,但通过表明立场,你可以吸引正确的人加入你的团队,他们会跟随你,帮助你获得事业的成功。

你也可以尝试使用不同的故事讲述模式,来创造强大的故事。我问卡罗琳·艾略特(Carolyn Elliott),她是如何利用自己的诗歌博士学位成功发展事业的。她告诉我:"诗歌是最危险的一种写作方式,因为它不遵守规则。"诗歌使她能够以独特的方式讲述自己的故事,这使得她的受众出现极端化(两极分化)的情况。你也要追求故事的强大和极端化:当你讲故事的时候,平庸不惹争端是最糟糕的方式,因为这样的故事无法打动任何人。

这是为什么呢?因为极端化的故事对听众来说更重要。对于那些认同故事、在故事中获得共鸣的人来说,他们知道自己就是你心之念念、想与之对话的人——这样的故事会激励你周围的伙伴。对于那些不同意或不喜欢你的故事的人来说,这个故事同样有价值,因为它可以帮助他们巩固自己的观点和身份。

隐藏在巧克力背后的秘密

你可以通过大多数人认同的价值观,来吸引人们关注你的业务。

在访谈迈克尔·马戈利斯之前，我在他的推特上看到他很喜欢巧克力。我马上给他发了一些推荐的巧克力品牌，因为我刚刚在博客上发表了一篇关于世界上最好的巧克力棒的文章。对我来说，与他建立联系真的很轻松，因为我也喜欢巧克力。我还问他，为什么要在推特极短的个人简介中，加入"喜欢巧克力"这一点呢？

于是，马戈利斯教给了我"隐藏在巧克力背后的秘密"："巧克力已经成为我的社交润滑剂，因为人们都会说：'我也喜欢！'个人简历和'关于我'页面的重点不是展示你有多酷，而是为了建立社交联系点。同理，你可以想一想自己能为听众们搭建哪些桥梁，让他们加入你的故事。"

加里·维纳查克（Gary Vaynerchuk）在推特简介中也使用了相同的策略。尽管他是一位著名企业家及播客播主，但他的个人资料上写着"家庭第一！企业家第二。（Family 1st! Entrepreneur 2nd.）"通过表明自己对家庭的关心和重视，他让听众更容易地将自己和他联系起来。大多数有抱负心的社会人士，都在努力平衡工作和家庭生活，所以他的个人简介会让他的粉丝们产生共鸣——"我也是！"

就像巧克力的示例一样，在你的故事中加入共同的兴趣、价值观或痛苦感受，这可以帮助你与你的听众建立联系。

你的简介和"关于我"页面

"关于我（我们）"页面是所有网站点击率最高的页面之一。你的社交媒体（如领英）简介和"关于我"页面，是与目标受众建立良好关系的巨大机会窗口。那么，在撰写自己或企业的简历时，你要重点考虑哪些因素呢？

迈克尔·马戈利斯告诉我："你要专注于三点：谁、什么、谁（who, what, who）。也就是你是谁，你做什么，你为谁服务。你还需要建立（与目标群体的）相似性，一旦建立起相似性，你就可以加入一个观点，一种你看待工作目标或工作领域的独特方式。然后人们会想知道，'哦，那么，幕后故事有什么？告诉我你的超级英雄的起源，比如，我想知道你是怎么进入这一行业的。你的影响力在哪里，如何体现？'人们会很想知道你幕后的故事，但是你需要先赢得他们的关注，赢得他们的尊敬，建立起与他们的联系。所以，你要分享最引你好奇的东西，分享你的抱负与动力。"

马戈利斯说，每个人的潜意识中都有一个疑问："你只是想卖更多东西给我，还是真心关心我的生活，想让它变得更好？"所以，你要谈论你在乎的事情。告诉他们，你在为比自己更大、更崇高的事业服务。你要站在"我想为他人创造更美好的世界"的立场上，分享你的故事。通过表态，你可以邀请别人与你建立关系。

你的听众就是你故事中的英雄

作为一名冒险家，我有时会陷入一个陷阱：我以为只要讲一个很酷的冒险故事，人们就会想和我一起工作。这种想法是错误的：无论是把自己当成故事中的英雄，还是把自己的品牌或产品当成英雄，都是错误的。你要让你的客户成为故事的主角。

迈克尔·马戈利斯告诉我："归根结底，我们都想要故事。

但我们最喜欢的故事都是关于自己的。所以，你一定要关注体验，但不是关于你有多酷、有多特别、有多成功的体验，而是要关注听众们的体验。一旦你这么做了，他们会说：'哇，你是真的了解我了。你是真的站在我这边。'如果你能用他们的语言准确地讲述他们的经历，并真正理解他们，再加上你能够为他们提供合适的服务，他们就会成为你伙伴中的一员，成为你的客户。"

找出你客户大脑中的关注点，并在讲故事时使用这些词语。选择一些与他们相关的、与他们的世界观相一致的内容，而不是你想说的某个好故事。当他们意识到你真正理解他们时，他们就会想和你一起工作。正如塞斯·高汀在《营销人都是大骗子》一书中所说，"你要提醒你的听众们，他们是对的"（高汀，2005）。

结论

在这一章中，你知道了为什么学习故事讲述技巧是如此重要。讲述有影响力的故事，可以让你的听众将你视为真实的、值得信赖的人，这是你将产品销售给他们的必备条件。

你已经学会了如何在面试、谈话、公开演讲和在线个人资料中使用故事，并以此与客户和潜在客户建立有效联系。现在你已经掌握了一些技巧和例子，可以开始在自己的工作和生活中应用这一技巧，为自己创造更多的成功。

在下一章中，我们将通过学习技巧来培养你的魅力和自信，让你成为一名更好的故事讲述者。

Chapter 7

培养个人魅力，最大化你的影响力

非语言信号在沟通中占比可高达 93%，而你的非语言信号给交流增加了 12.5 倍的权重。

——凡妮莎·范·爱德华兹（vanessa van edwards）

science of people（人类科学）的创始人

以上来自"冒险艺术"播客中的访谈对话

有两种方法可以让别人看到你更好的一面：一个是提高我们自身的素质和技能；另一个是通过学习魅力的科学，理解并控制别人对我们的看法。

培养个人魅力的重要性

想象一下，有两位工程师，他们拥有同样宝贵的技术能力，而且他们俩的工作都非常棒。但是，其中一个不断获得晋升以及同侪们的积极认可，而另一个竭尽全力才获得了一份较为理想的职位，以及工作上的认可。那么，第二个人缺少了什么呢？答案是：魅力和自信。

因为你在读这本书，所以我想帮你打开尽可能多的门。你想让自己发出正确的信号，让人们听到你、认真对待你；你想得到你应得的机会；你想让自己的工作变得与众不同。掌握个人魅力、自信和非语言交流的技巧，你就可以做到这一切。

在这一章中，我们将了解构成魅力的要素，然后深入了解影响魅力的不同身体语言。我们还会探索内部和外部魅力状态之间的差异,以及自信在魅力中的作用。

当我们说"塑造最好的自我"时,我们说的是真实的你。你可能想知道,如果你学会了各种魅力塑造和肢体语言技巧,你会不会感觉自己是内外不一的骗子。你的想法没错:人们在潜意识中会发现自己外在行为和内在感受间的不一致。想象一下,一个人的心情很糟,却依然要表现出友好的态度——在你看来这个人就很不真诚。因此,我们也会讨论如何创造有魅力的内在。

什么是魅力

当我主持关于魅力的工作坊(研讨会)时,我常常通过这种方式开始整个活动:我会让人们列举出他们认为有魅力的人。某些人名每次都会出现:巴拉克·奥巴马、威尔·史密斯(Will Smith)、奥普拉·温弗里(Oprah Winfrey)、史蒂夫·乔布斯和托尼·罗宾斯(Tony Robbins)。然后我会问:这些人身上的哪些特点,让你觉得他们特别有魅力?答案有:笑容、自信、眼神交流、好看的容貌、良好的体姿、有力的声音、风度、同理心、亮丽的服装,以及强大领导力。我的听众们关注的都是魅力的外在表现和行为。大家都知道魅力是什么样子的,不过我们要进一步分解这些因素,这样我们才能利用它们打造属于自己的魅力。在本章中,我们将探讨魅力的三个要素:热情、力量和在场(Preserce)[1]。这三者

---

1. 译者注:在场,大意是指"全身心地沉浸在当下"。在本文中,Presence 一词同时具有"呈现(魅力)状态"和"表现真实的自己、活在当下"的意思。

将会构成你的魅力,并为你的职业生涯增添更多自信。

魅力如何影响成功

当我还是蒙大拿州立大学的博士生时,每个学期我都要教授本科的微生物学实验室课程。在授课前,我们会接受一个学期的培训,但对新教师来说这远远不够。我面对的是六十名学生,每周授课八小时。当然,我想让我的学生们获得最好的课程知识,所以我会先努力吃透教学内容。但是,我还是被一件事拖了后腿:我是个缺乏魅力的无聊老师。

于是,我试着改变。授课时,我会讲述作为专业微生物学家时遇到的故事,以此说明我们正在学习的实验室技术的实际应用。学生们似乎喜欢这种方式,但我知道我还是缺了一些东西。除了使用我在大学即兴喜剧中学到的娱乐技巧外,我还希望学生们能尊重我、注意我说的话、完成他们的作业,并尽可能多地学习。我意识到,魅力可以让我更好地传播学科知识和技能。

于是,我做了每一位优秀科学家都会做的事:我开始尝试使用更多方式来表现自己的魅力、吸引我的学生。我开始学习使用肢体语言,控制声调以及其他身体释放的信号。慢慢地,我发现越来越多的学生被我吸引:越来越多的人下课后会主动向我询问问题,越来越多的人会参与课堂讨论。

在前两个学期,我得到了大约4.5分(满分5分)的讲师评分。在学习并应用魅力技巧后,学生们给我的评分是4.98分,这是当年的最高评分。此外,我的学生们在测验和考试中的得分也变得更高了。因为每学期的授课资料都是相同的，所以这种巨大变化的唯一解释就是：我引导学生学习的能力提高了。也就是说，我的个人魅力不仅促进了我个人的成功，也促进了学生们在学习上的成功。

魅力要素

在《魅力》（*The Charisma Myth*）一书中，奥利维亚·福克斯·卡巴恩（Olivia Fox Cabane）破除了人们对"魅力天生论"的迷信。那些似乎天生就拥有魅力的人，其实只是在年轻时就发现了魅力的秘密。史蒂夫·乔布斯就是一个很好的例子，他通过刻意练习，在职业生涯中不断提升自己的魅力，因为他想成为最好的演讲家。你可以上 YouTube 寻找他不同时期的演讲视频，观察他在不同时期的变化。是不是松了一口气？如果魅力是一套可以学习的技能，那就意味着你也可以提高你的魅力。让我们从了解什么是魅力开始。

我们可以将魅力分解为三个不同的元素：

- 热情；
- 力量；
- 在场。

让我们通过一个故事来理解这些元素：想象一下，你是一名生活在史前部落中的狩猎者。外出狩猎时，你在一片空地上遇到一个来自另一部落的陌生人。你很想知道，这个人是朋友还是敌人。那么，你第一眼看的地方是哪里？答案是：对方的手。

这是为什么呢？你得看看他们手里是否持有武器。

这一过程今天依旧存在。当你第一次遇到某人时（比如你在街上遇到一个人），你会做的第一件事就是瞥一眼对方的手（科胡特，2013）。这也解释了为什么你不应该双手插兜地站立，或者把双手藏在桌子下。潜意识里，人们会觉得不舒服，因为他们看不到你手里有什么。

评估完双手后，你会抬头看看对方的脸，看对方是否正在微笑并摆出热情的、开放的姿态。我们正在评估这个人释放出的热情信号，以迅速判断对方是否友好。这也表明，在培养个人魅力时，热情是我们要做的第一件事。

接下来，史前猎人想知道对方有多强大。力量可以被定义为一个人影响周围世界并使事情发生的能力。如果这个陌生人是友好的、强大的，那么他或许会成为一个好的狩猎伙伴或部落盟友。这个人是不是看起来身体强壮、姿态端正、行动自如，拥有低沉的、命令式的声音，并牢牢抓住你的目光？据《令人信服的人》（*Compelling People*）一书所说，这些是从史前时代一直遗留至今的力量标识。

热情和力量可以保持一种动态的对立，可以通过牺牲某一点来强调另一点。比如，美国政治家希拉里·克林顿（Hillary Clinton）。在上次美国总统选举中，她故意以放弃"热情"为代价，加大对自身"力量"的信息传递。她想吸引的，是那些信任她的领导能力，却不喜欢她个人的人。所以，你要注意分清在哪些情况下使用热情，哪些情况下使用力量。例如，你是一名首席执行官，现在你要领导股东大会，那么使用力量可能会更有帮助；但如果你现在要与新供应商会面，那么使用热情可能会更有帮助。

在我们探讨关于魅力的不同身体语言时，请思考一下如何使用这些身体语言增加你的热情或力量。

第三块也是最后一块拼图，是在场。在场是对另两个要素的修饰或放大。哈佛大学研究员艾米·库迪（Amy Cuddy）说："在场源于相信自己。相信真实的自己，真实的情感、价值观和能力。"你可以把它解释为"表现真实"。如果你想表现出力量或热情，那么你就要真实地拥有它们，否则人们就会感觉到反差。

人们通常知道某人在"在场"状态中——那感觉就像是他们与你分享了浩瀚宇宙的一个小角落。当然，进入你自己的"在场"状态，是一个不小的挑战。你也知道某些人不在"在场"状态中。想想上次参加会议或活动时，你正在进行一段谈话，对方却心不在焉地看着手机，或者看着会场里的其他人。在场的缺失，会损害其他魅力元素的表现。

很多生意人整体的活动都在大脑中进行，他们要做决定、了解大小事件和各种数字。但这会给人一种距离感。所以，请一定记住：两个人之间的互动，是两个活生生的、有呼吸的生物有机体之间的互动。为了做到在场，我们需要将自己从数据和信息的世界中释放出来，进入到人与人之间的联系中。进入在场的最快方法是：专注于你自己的五感，然后将这种注意力转移到和你在一起的人或人们身上。

> ◇ 练习：进入在场状态 ◇
>
> 闭上眼睛两三分钟，感受这三件事：
>
> • 倾听：倾听周围环境中的声音。
>
> • 呼吸：感受气息的进与出。
>
> • 感觉：你脚趾尖的感觉（每当你想进入在场状态时，你都可以这么做）。

> ◇ 练习：你已经使用了哪些魅力元素 ◇
>
> • 当你表现出最好的自己时，你的想法是什么？
> • 当你表现出最好的自己时，你是怎么走路的？
> • 当你表现出最好的自己时，你是怎么谈话的？

肢体语言

现在我们将从上到下了解身体语言对魅力的影响，包括眼睛、嘴、声音、姿势、触觉和内部状态。

眼睛

比尔·克林顿（Bill Clinton）是美国最有魅力的领导人之一。我在某次演讲后见过他一次，我的感觉是：他们绝没有骗你，克林顿真的让你感觉整个房间里只有你们两个人。他最有力的魅力工具，就是眼神接触。他那热情的眼神在彼此间建立了联系，并体现出了他的在场。想要模仿比尔·克林顿，你需要柔和而直接的目光。这种眼神交流会让你觉得他真的很在乎你。这里有一个很好的模仿方法：像父母一样，以关心的目光注视每个人。你要让你的眼睛告诉他们：你在乎他们。如果你想要带有力量的目光接触，想想克林特·伊斯特伍德（Clint Eastwood）在电影《肮脏的哈利》（*Dirty Harry*）或《黄金三镖客》（*The Good, the Bad and the Ugly*）中的表现。他的眼睛微微眯着，脸的其他部分放松，给了我们"钢铁般的一瞥"。你可以将带有热情或力量的目光组合使用，例如：你先以热情的注视，为对方留下良好的第一印象，然后再使用带有力量的目光接触，传递你强大的领导力。

我们在倾听时很容易进行眼神交流，在说话的时候则要难得多。在说话时保持眼神交流，这是一个信号，表示你对自己所说的话很有信心。据心理学家艾伦·约翰斯顿（Alan Johnston）研究显示，听众们最喜欢一次3.2秒的眼神交流（莫耶，2016）。因此，当你在领导会议时，你可以依次注视你的团队成员，每三秒一个人。这里有一个很好的眼神交流练习法，那就是录制视频，你可以一边练习说话一边与镜头进行眼神交流。

根据凡妮莎·范·爱德华兹的研究显示，在一对一的谈话中，理想的眼神交流量是60%~70%。如果你的目光接触超过72%，就会让对方感觉到私人空间被入侵。好消息是，什么都不用特意去做，我们的目光接触自然会落到60%~70%这一区间。但有几个常见的干扰因素，会减少眼神交流的次数，进而让你将对话搞得一团糟：查看手机（即使你只是在看时间），以及环顾四周查看房间里发生的其他事情。

在访谈中，卡拉·罗宁（Kara Ronin）明确表示，在日本等一些文化中，回避眼神交流可能是一种尊重的表现。所以，旅行前一定要仔细了解当地的文化背景，特别是去做生意的时候。

> ◇ **练习：眼神接触练习** ◇
>
> *表达力量*——当你和某人交谈时，一次眼神交流三秒或更长时间（倾听时眼神交流要容易得多）。有人朝你走来时，试着与对方进行目光接触，不要第一个把目光移开。
>
> *表达热情*——当你注视他人时，想象自己是对方的父母，并且十分关心他们。

微笑

研究表明，如果你把一支笔放进嘴里，用牙齿咬住，你就会感到更快乐（斯特拉克，1988）。理论上，你是在欺骗你的大脑，让它以为你在微笑，然后心情就会变得愉快。如果你看到我开车，你会发现我在交通拥堵时会笑得跟个傻子一样——这就是我控制自己不发脾气的方式。正如电话销售人员所说，"打电话时要微笑"。人们甚至可以在电话中听到你微笑的声音，这种热情的信号会让他们更容易接受你推销的产品。

不要担心"我是强迫自己微笑的"，因为它会逐渐变成自然的微笑。微笑会给你带来一种温暖的、热情的内在状态。乔丹·哈宾格有一句名言，说明了我们的身体是如何影响大脑的，反之亦然——"心灵跟随身体，身体跟随心灵"（哈宾格，2015）。

像艾米·库迪和托尼·罗宾斯这样的人,会利用身体活动来改变自己的内在状态。

> ◇ **练习:完美的微笑** ◇
>
> 你是如何微笑的?微笑时会张嘴还是闭嘴?是咧嘴笑还是抿嘴笑?头向后倾斜还是向前倾斜?我们最自然的微笑,可能不是看起来最美观或最真诚的。想要训练自己露出最好的笑容,你可以先尝试不同的微笑类型,并拍摄视频记录下来,然后选择最好的笑容拍下照片。你可以随时征求同事和朋友们的意见。如果你发现还有其他的微笑方式更好看,那你就需要有意识地练习,直到让它成为你最自然的微笑。下一步是练习微笑着说话。当你要面对一屋子人,或者想要通过视频传递温暖和热情时,这个练习会让你获得最佳效果。只要你想表达热情,就拿出你的微笑技巧来。

声音

正如我们在故事讲述一章中了解到的,当我们想要提升自己的魅力时,我们可以从职业演员身上借鉴很多元素。在这里,我们先将声音分解至更小的元素,逐次进行讨论。

- 填充词。结巴和大量填充词会削减你的魅力,让你的听众们分心。当你进行演讲时,你绝不希望有人将注意力放在那些恼人的语言习惯上。我播客的前三十五集音频,都是我自己编辑的。当我听到自己磕磕绊绊的言语时,真是既尴尬又恼火。我还有很多"嗯""啊"和咂嘴声。我不得不小心翼翼地将它们减掉，这样才能保证音频内容的流畅性。自此之后，我在谈话时有意识地控制自己，并大大减少了这些情况的出现。

- 升调。有些人喜欢以升调结束一句话。他们只是在进行普通的陈述，但旁人听起来他们像是在提问。想想看，如果法官以升调读这句话，会是什么效果：判决是有罪的。升调却会削减你的魅力，因为它表明你对自己所说的话没有信心。不过，你依然可以通过提升整句话的声调，来创造兴奋感、刺激感。

- 音量。如果没有人能听到你的讲话，你就失去了一个重要的力量信号。清晰也很重要，你要让人们更容易地将自己与你讲的话联系起来。在集体场合，比如会议或社交活动中，大多数人以40%或60%的音量发言，但当你主持或领导整个会议时，你必须以80%的音量发声。你要关注到全场，问问离你最远的人是否能够听清你讲话。

- 踱步和停顿的力量。演讲时，魅力四射的演讲者知道他已经控制了整个房间，没有人会窃窃私语。长时间的停顿会让听众们对你接下来的话产生期待。你也可以加快讲话速度，让听众们兴奋起来；或者放慢语速，让听众们感受到力量或紧张。我很喜欢夸张地使用这些技巧，就像在给孩子朗读一样，因为这可以打断听众们的收听模式，让他们更加关注你演讲的内容，并留下更深刻的记忆。

- 共鸣。使用深沉的、共鸣的声音，可以传递出更多力量。你可以参考詹姆斯·厄尔·琼斯（James Earl Jones）配音的达斯·维德（Darth Vader），或者尼尔·德格拉斯·泰森（Neil Degrasse Tyson）。在我们的潜意识中，深沉的声音代表着更壮的身体和更强的力量。为了提高声音中的共鸣，我请了一名语言教练。她将一个鼓放在我的腰部并不停敲击，这种训练让我将声音移到一个能产生更丰富、更深音调的位置。你可以这么理解：要让自己的声音从腰臀处发出。演员和歌手则会使用横膈膜控制通过声带的空气量。

◇ 练习：说话语调 ◇

你可以通过讲述自己最喜欢的一天来进行练习。在讲述中，你要提升音量，并注意要以向下的语调（就像法官在宣读审判结果）而不是向上的语调（比如问问题）结束一个句子。你可以通过停顿来增强戏剧效果。你也可以通过压低音量，让听众们向你靠拢。

姿势

我第一次认识的力量姿态，是在艾米·库迪的精彩 TED 演讲中，以及乔丹·哈宾格的播客上。哈宾格那一期播客的标题是"心灵跟随身体，身体跟随心灵"，这意味着你可以用身体活动影响你的内在状态。想要实现力量姿态，这里有一个非常简单的方法：

每当你走过一道门,都让自己站得直直的,并面露微笑。因为这是人们第一眼看到你,并留下对你的第一印象的关键时刻。其他自信的姿势信号还有:站立时,两脚微分保持平衡,头部保持水平,鼻子正对你的听众。

艾米·库迪的研究表明,当你占用大量空间时——例如,摆出胜利姿势或超人姿势时——你体内的睾丸素水平会上升,皮质醇(压力荷尔蒙)水平会下降(库迪,2010)。这是人类感觉良好时的自然反应。相反,当你占用更小的空间时,你的睾丸素水平会下降,你的感觉会更糟。例如,你低头弯腰玩手机的姿势。你可以通过收起手机来解决这个问题,这样可以让你保持开放的身体姿势。此外,走路时昂首阔步,步伐富有弹性,这些都会为你带来积极的效果。

有趣的是,好的姿势也会传染他人。上大学时,我最好的朋友从树上摔了下来,背部受伤(他现在已经完全恢复了),不得不佩戴六个月的护背。此时我们才发现,挺直后背的他真的很高,只是他平时弯腰驼背懒散惯了。那之后,每当我们站着聊天时,他周围的所有人都会不由自主地挺直后背,好像所有人都戴上了护背一样。你也可以通过让别人敞开胸怀来增强他们的魅力。如果你的朋友双臂交叉在身前,呈防御姿态,那么你可以递给他们一些东西,迫使他们打开手臂,将封闭姿势变为开放姿态。每次开始播客前,我都要进行一段时间的例行热身,包括持续两分钟的力量姿态与微笑练习。然后,我会跟随那些节奏感很强的歌曲跳舞,比如法瑞尔(Pharrell)的《快乐》(*Happy*)或者麦克默

(Macklemore)的《无法自己》(*Can't Hold Us*)。我会闭上眼睛，回想自己众多的巅峰时刻之一（比如赢得了剪刀石头布锦标赛），回想那些深爱我、原谅我的不完美的人。这些准备活动可以让我在访谈中全力发挥自己的魅力，更自信地面对嘉宾们。

手和触摸

为了校报文章，我的大学室友打算去采访前副校长沃尔特·蒙代尔（Walter Mondale），于是他先找我们练习握手。他的握手其实挺好，但我们一直说他太软了（像"死鱼"一样），所以他不停地加大手劲儿。即使手像被钳子夹过一样疼痛，我们还是继续着这个玩笑。

握手的最大好处，是短暂的、皮肤贴皮肤的人体接触。据印第安纳州迪保大学（DePauw University）的实验心理学家马特·赫滕斯坦（Matt Hertenstein）所说，握手或拥抱会降低皮质醇（压力荷尔蒙）的水平。除了减少我们的压力反应，友好的身体接触还会刺激催产素的产生。催产素是一种肽类激素，又被称为"爱激素"，它是我们友好、舒适地靠近彼此的基础（特鲁多，2010）。

当我第一次在婚礼上做伴郎时，司仪是一名军队牧师。他告诉我们，在婚礼进行中，不要将双手背在身后或插在口袋里，而是要让双手自然地悬垂在体侧。回想一下本章开头的史前猎人故事——人们第一眼就是去看你的手。

手势可以帮助你与听众交流、沟通。最受欢迎的 TED 演讲者使用手势的频率,几乎是同侪们的两倍(格雷瓜尔,2016)。我是一个自然、放松的人,在交流中不常使用大量的手势。所以当我想让谈话充满活力时,我会想象自己是一个善于表达的人,并大量使用手势来辅助我的谈话内容。当你说话时,你可以向你的听众们伸出手(张开你的手掌)。如果听众们离你很近,你还可以拍拍他们的肩膀。注意,不要做太大的手势,也不要让手遮住你的脸,更不要使用防卫姿态的肢体语言(双臂交叉或手指交叉)。

创造一种内在的魅力状态

人们喜欢那些喜欢自己的人。

——凡妮莎·范·爱德华兹

我们要让自己的内部状态与外部状态相匹配。这样才不会让自己产生"欺骗他人"的感觉。本节将介绍如何进入内在的魅力状态。现在,请将你的魅力想象成一团光,就像生长在你内心的一个小太阳。你的魅力会通过你的非言语信息传递给他人——这一点我们已经讨论过了。消极是人格魅力的主要减损因素。因此在这里,我们将要学习如何让自己将注意力集中在积极的事物上,并保持积极的想法和感觉。

> ◇ 练习：自我关怀的内在魅力状态 ◇
>
> 花五分钟时间，闭上眼睛回想或想象以下内容，并投入场景中去感受：
>
> - 你做好事或帮助他人的一次（或几次）经历；
> - 你取得成功或做得非常棒的一次（或几次）经历；
> - 一个充满爱的、可以温暖你的形象，他/她可以是真实的也可以来自神话，如佛陀、耶稣、特雷莎修女、你的母亲，或者你的小狗。感受他们有多在乎你；感受他们可以原谅你的所有错误；感觉他们完全接受你的一切。
>
> 你刚刚向自己证明（基于事实），你是一个好人、一个成功的人、一个值得被爱的人。

自我管理

你看过关于托尼·罗宾斯的那部电影吗——《做自己的大师》（*I am not your Guru*）？托尼·罗宾斯是一位传奇人物，他的演讲可以让成千上万的听众坐在椅子上达十二个小时，甚至更长。为了能够做到这一点，他需要一个强大的能量基础，就像我们在第二章所提到的。罗宾斯需要站在大型舞台的中央，同时吸引到最远处的听众。所以他会小心地管理自己的状态，这包括心理、身体和精神状态。

那么托尼·罗宾斯是如何获得这种能量和耐力的呢?在上台之前,他会在便携式蹦床上弹跳、运动,这是为了活动他的淋巴系统。他还会拍胸脯,拍手。早晨,他会跳进冰池,做呼吸冥想。淋巴系统没有像心脏那样的中央泵,它们分布在身体的各个部位。淋巴液是清除毒素和代谢废物的重要物质。如果淋巴液不能正常流动,人们就会出现感冒、关节疼痛等症状。冷水可以帮助收缩组织,促进淋巴液的流动。

此外,寒冷还能减轻炎症,释放促进情绪的神经递质(罗宾斯,2018;舍夫丘克,2008)

消除魅力中的障碍

想象一下,日落时分,你正坐在沙滩上和朋友们一起畅饮。水面反射着阳光,晃过你的脸,使你眯起双眼。此时,你的朋友正对你讲述他的理论:大型强子对撞机会产生时间上的波动和错乱。但是看到你眯着眼睛,所以你的朋友认为你并不相信他说的话,因为你的脸上带有怀疑的表情。

再想象一下,现在是秋天,你正赶着去参加工作面试。因为天气很冷,你决定穿套头衫出门。但是,在温暖的办公室内,套头衫开始让你感觉发热、发痒。面试官注意到,你不停蠕动,感觉很不舒服的样子。他们开始怀疑,你是不是隐瞒了什么信息,才会感到不舒服?

如果你花很多时间在手机或没有支架的笔记本电脑上,那么你现在很可能含胸驼背,将身体缩成一团。我们已经知道,这种姿势会提高皮质醇的水平，它还会降低我们传递的力量信号。

你身边的人，无法每次都准确解读你身体信号背后的来源，所以会出现信号被误读的现象。但是，我们可以做得更好。在阅读完本章内容后，你会对自己发出的信号更加注意；你还可以调整你的环境，确保身体发出自己想要的信号。

良好的第一印象

现在你已经掌握了一些魅力元素，是时候去给人们留下深刻印象了！那么，你要如何去做呢？

有一件事你一定要记住：人们一见到你，就会立刻形成对你的第一印象。留下良好第一印象最简单的方式就是：每经过一道门，都展现出最好的姿态和微笑。凡妮莎·范·爱德华兹告诉我说："在个性方面，我们对他人的第一印象判断准确率为76%，而且人们很少会改变这一观点。"所以，我们必须确保自己给他人留下的第一印象是好的！

凡妮莎·范·爱德华兹在访谈中让我做了一个练习。她让我想一想，当人们第一次遇见我时，我想让他们怎么看我？我回答说，我想让他们将我视为一个令人兴奋的人！她告诉我，"令人兴奋"的首要特征之一，就是对他人感兴趣。科学证实，兴奋的来源是多巴胺。多巴胺是一种传递快乐信号的神经递质，是人们兴奋感在化学层面上的解释。你想成为其他人多巴胺的来源吗？当人们谈论自己时，大脑中多巴胺的活跃度最高。所以，你可以让人们谈论他们自己，让他们对自己所说的感到兴奋。"在播客的访谈过程中，你就是在一点点地将多巴胺赠送给对方。你想让他们的大脑获得高潮。"凡妮莎说。

> ◇ 练习：第一印象 ◇
> 当人们第一次见到你时，他们会用哪个单词形容你？你想传达的、理想的第一印象是什么？
> 它们为什么不同？你所做的、所说的、所想的、所感觉的有什么不同？

自信

在我指导过的那些抱负心满满的企业家中，缺乏信心往往是他们开展行动的最大阻碍。当然，如果你不相信自己会成功，那为什么还要尝试呢？在这一节中，我将帮助你了解自信从何而来，以及如何才能获得更多的自信。

自信的三个层次

我发展出了一种关于自信的理论：把自信想象成一颗洋葱，这颗洋葱有三个层次，对应着自我认同的不同层次。

最外层是魅力和肢体语言部分，我们在本章中已经讨论过了。这主要来自我们的身体状况，我们将自己照顾得有多好，以及我们的感觉有多好。

第二层是更深层次的认同，来自我们的关联事物：我们的朋友、我们所做的工作、我们所属的组织。这种自信来源于我们对自己在世界上的地位和作用所拥有的良好感觉。

第三层也是最深的一层，来自我们对"我是谁"的理解。国际演讲大师、培训师和畅销书作家罗恩·马尔霍特拉告诉我，成功来自于"了解自己"。这一层可以影响到前两层，并支持所有的自信行为。一旦你建立起这种认知和自信，自信就会一直持续下去。但是，这是最难达到的层级，因为通常来讲，我们只能通过巨大的挑战和努力才能了解自己。作为一个男人、一名冒险家，我依然会询问自己这个古老的问题："它（挑战）需要的我都拥有吗？"

如何获得信心

你生活中的成功来源于你愿意进行的艰难对话。

——科琳·谢尔（Colleen Schell）

领导力专家

以上为"冒险艺术"访谈内容

勇敢自信（Courageous Self Confidence）播客的塞缪尔·哈顿（Samuel Hatton）和我进行了一次关于自信的对话。我们一致认为，自信来源于经验，其核心是坚信在任何情况下你都有能力获得成功。这包括你学习新技能的能力，以及与新人建立牢固关系的能力。

但是，我们要将特定领域的自信，转移到大众领域中。即使你擅长国际象棋或吉他，那也并不一定意味着你会自信地与异性交谈或上电视。人类特有的创造性洞察力，可以让我们实现自信的"相邻可能性"。一旦你在某一领域中树立了信心，那么相邻领域的专业知识也就显得不那么可怕了。

通过冒险,我们可以更熟悉地应对风险,进而增强自己的信心。如果你能通过一系列挑战,那么你就会在自己特有的成就上建立起自信。自信让我们倾向于采取行动,这是取得积极职业成果的唯一途径。

正如《黑麋鹿如是说》(Black Elk Speaks)一书中所描述的,在拉科塔(Lakota)印第安人的传统中,战士们要按战士守则的规定,在夜晚围坐在篝火旁,轮流讲述勇敢的故事。勇敢是建立自信的基础。你必须在某个行动中表现出你的勇敢,这将引导你去尝试那些在你舒适区外的事情,进而逐步建立你的自信。自信是经验的衡量标准,而你无法在不突破舒适区的情况下获得经验。幸运的是,这又让我们想到了心流状态,或者说最佳体验状态。

冒险总会包含风险因素,冒险者也会因此变得自信,因为他已经习惯了不适。卡罗尔·德韦克在她的《终身成长》一书中概述了两种思维方式:固定型思维和成长型思维。在固定型思维下,我们相信自己的聪明、美丽和技巧都是与生俱来的,我们必须不惜任何代价捍卫自己所维持这些特质的当前水平,如果我们犯了错误,那就意味着我们是有缺陷的。然而,在成长型思维中,错误仅仅是学习的必经环节。在这种心态下,我们知道自己可以通过努力提升技能等级,并勇于承担更大的风险。只有认识到,我们的成就都是通过勇气和决心取得的,我们才会放心地付出努力。

如果我们将自信看作是知识,即你知道自己能够完成自己设定的目标,那么,这种知识也只能通过进行(已设定目标的)工作才能获得。因此,自信只能来自行动。

◇ 练习：不合理的要求 ◇

"时尚"的首席执行官兼《福布斯》专栏作家斯蒂芬妮·伯恩斯（Stephanie Burns）教会了我"不合理要求"这一概念。你要如何去要求那些在你舒适区外的，或者可能会让你失败的工作呢？伯恩斯告诉我，为了他人或他人关注的重要事业提出更大的要求，这往往要容易得多。例如，我发现让人们为慈善事业捐款，比让他们为你投资要容易得多。提出要求可以带来更好的结果。拉米特·塞蒂（Ramit Sethi）在《我教你变成有钱人》（台译）一书中指出，你要求的次数越多，人们越是愿意满足你的要求。

以下是练习提出"不合理要求"的方法。从小处开始，你可以从要求免除信用卡费用，或者要求餐厅提供你喜欢的座位开始。然后，你可以要求免费升级到头等舱或免费咖啡。我朋友的祖父总是问收银员："我的折扣是多少？"每天，挑战自己去要求一些你通常不会要求的东西。在TED的"我从被拒绝的100天中学到了什么"演讲中，蒋甲（Jia Jiang）讲述了自己的求物经历。第一天，他要了一个免费的汉堡包，后来又要求在飞机上进行演讲。蒋甲发现，这种做法可以让他克服恐惧，从被拒绝的痛苦中脱敏，并最终获得作为企业家的勇气。

> ◇ 练习：微冒险 ◇
>
> 我最常听到的抱怨之一就是：人们想在生活中获得更多乐趣。这个练习的结果可以是双重的：我们可以通过一系列的"微进化"来建立信心，同时获得更多乐趣[这一术语由国家地理年度冒险家阿拉斯泰尔·汉弗莱斯（Alastair Humphreys）首创]。也就是说，每天你都给自己一些小小的、需要冒点风险的挑战。
>
> 头脑风暴：写下十个可以在你的日常生活中加入冒险的方法。记住，冒险的元素包括风险、个人改变和一个好故事。

国际肢体语言

据卡拉·罗宁说，虽然我们重视西方国家领导人体现出的强有力的肢体语言，但在日本等亚洲文化国家中，情况稍有不同。亚洲国家更重视对长辈和上级的尊重。因此，我们在高层面前表现出的强烈自信和有力的肢体语言可能会被认为是粗鲁无礼的。

通过学习人们认同的自信和魅力行为，你可以开始练习并将它们融入你的习惯中。改变你的姿势或声调，一开始会让你觉得有点不正常，但最终你会不自觉地传递出积极的身体信号。有了这些技巧，你在所有面试中都会脱颖而出，你可以会见任何你想会见的人，甚至抓住一屋子人的目光。

下一章的内容是，当我们开始与有权势、有影响力和吸引力的人建立关系时，如何善用本章中讨论的魅力技巧。

◇ 资源 ◇

建议你进一步阅读有关魅力、自信和在场的书籍：

奥利维娅·福克斯·卡巴恩（Fox Cabane, O, 2013）：《精英的人格魅力课》（The Charisma Myth : How anyone can master the art and science of personal magnetism）

黑尔·奥尔特（Hale Alter, C, 2012）：《信誉密码》（Credibility Code : How to project confidence and competence when it matters most）

希维尔·安·霍韦特（Hewlett, S A, 2014）：《让世界看见你（台译）》（Executive Presence : The missing link between merit and success）

查理·霍波特（Houpert, C, 2014）：《掌控个人魅力》（Charisma on Command : Inspire, impress, and energize everyone you meet）

卡蒂·凯伊和克莱尔·希普曼（Kay, K and Shipman, C, 2014）：《自信密码》（The Confidence Code : The science and art of self-assurance – what women should know）

约翰·奈芬格 & 马修·科胡特（Neffinger, J and Kohut, M, 2014）：《令人信服的人》（Compelling People : The hidden qualities that make us influential）

杰弗瑞·菲佛（Pfeffer, J , 2010）：《权力：为什么只为某些人所拥有》（Power : Why some people have it and some don't）

迈克尔·波特 (Port, M):《演讲的技术》 (*Steal the Show : From speeches to job interviews to deal-closing pitches, how to guarantee a standing ovation for all the performances in your life*)

Chapter 8

突破视野局限,
树立远大目标

> 对这个世界你最想改变或是增加的，是什么？
>
> ——"冒险艺术"播客访谈中，向嘉宾提出的最后问题

没有一项改变世界的伟大创新，是由一个没有梦想、一心想要保持现状的人创造出来的。在美梦成真之前，我们必须先做梦。知名书籍《思考致富》（希尔，1937）以及电影《自然法则：吸引定律》（*The Secret*）背后的理念是：在你让大事发生之前，你先要想象出它们来。

蒂姆·费里斯经常告诉我们，你的志向越远大，你的竞争对手就越少。这是因为，人们普遍认为大的挑战要比小的挑战更难完成，所以他们会自动退出竞争。如果你现在的想法还不够远大，很可能是因为你的世界观被局限住了。但不要担心，我们或多或少都会在某些领域受到生活经验的限制。关键是，你甚至可以运用创造性思维获取外部信息，来做到长远性思考。

远大的梦想有个神奇之处：它很像往火上浇汽油。远大的梦想就是火箭的燃料。它们会以极大的兴奋和热忱推动你前进。想想看——从发布一篇关于你梦想的博客，到站在华盛顿纪念碑的台阶上向数十万人发表演讲，这之间的兴奋水平相差有多大。

想要"产生影响力"的愿望，已经成为现在人们选择职业的主要驱动力。世界各地的组织都在帮助他们的员工通过长远性思

考去创造更多的影响力。Imperative 的创始人亚伦·赫斯特在"冒险艺术"的访谈中告诉我，目标驱动型公司的绩效比普通公司要高 400%，而当员工的个人目标与组织目标一致时，他的个人效率会提高 125%。例如，IDEO 创建了 IDEO.org，他们通过向贫穷社区输送天才设计师来解决与贫困相关的挑战；Whole Foods 超市创建了社区捐赠日（Community Giving Days），将当天净销售额的 5% 赠予当地的非营利组织（赫威特，2013）。

在这一章中，我们将会讲述几种可以帮助你的事业获得发展的长远性思考方式。首先，长远性思考并严格按目标行事，这会让你与那些不那么大胆的人区分开来。你将学会如何计划你的远大目标并采取行动，哪怕你还无法看清实现目标的所有步骤；你将学习如何建立一支团队来支持你，以及如何在项目中建立信念，让自己支持自己；你将学习如何评估实现梦想所需的技能，以及如何接近比你想象中更大的梦想。我们将探索捍卫他人的力量，一个让你为之战斗的具体人物会让你充满力量，让你的梦想变得更真实、更有意义。你将学会如何做最坏的打算，向着最好的结果努力；你将了解到将远大梦想带给他人所形成的巨大力量；你将学会将远大梦想融入自身，让它成为你性格的一部分。

疯狂是一种赞美

琳达·罗滕伯格是《人人都要有创业者精神》（*Crazy Is a Compliment*）的作者，也是 Endeavor 公司的创始人。该公司通过专业指导方式，对全世界的梦想家们进行支持。琳达告诉我："成功的最大障碍来自心理。"因为她在生活中也会遇到那些小心谨慎的人,她认识到,人们往往要得到许可才能开始建立远大的梦想。

如今,远大的梦想不仅仅是政治领袖或企业家的专有物。琳达在播客上告诉我:"如果你没有被称为疯子,那你的想法就不够远大。"亨利·福特(Henry Ford)曾因为整天在后院鼓捣汽车,而被称为"疯狂亨利";在阿里巴巴上市的十五年前,马云也被称为"疯狂的杰克"[1]。当琳达谈到第一次开创 Endeavor 的时候,她的父母竭尽全力劝说她放弃。她不得不沉思自问:"我是要做父母期望我做的事,还是要尝试一下这个不知道是否会成功的想法?最后,我选择了希望,而不是恐惧。"如果你是公司员工,不要马上请求许可去实现你的梦想。你要先在隐形模式下工作一段时间,直到你对自己的想法有了坚实的证明。你一定要让你的项目看上去很好,让你的上司更愿意支持你。

善于利用

如果你想进行长远性的思考,就必须有最有力的思考工具和想法。作家埃丽卡·德旺告诉我,连接思维就是以新的方式去利用知识和网络。例如,你如何从所处社区中获得更多支持?随着连通性的增强,我们可以使用更新的方式去思考问题。德旺这样对我说:"与其跳出框架思考,不如创造一个更大的框架,让其

---

[1]. 译者注:马云英文名是 Jack Ma。

他人和你一起思考。"

你要如何利用你已经知道的、关心的事物，去实现更大的目标呢？你要如何利用现有的人际关系？你要如何利用现有的社区？德旺建议我们首先要有远大的梦想，然后增加连接（人脉、想法/创意）、变得更加好奇、鼓起勇气接受挑战，再调整你的梦想，让它变得更远大。我认为这是一个良性循环，最大化利用你已有的资源，可以帮助你进行长远性思考；而更远大的志向，可以反过来逼迫你去利用已有资源解决问题。

你不必看到所有的台阶

即使不知道实现你远大梦想的所有步骤，也没什么关系。首先，如果你的梦想与其他人的成功足够相似，那么这基本上证明了它是可行的。如果没有人成功做过类似的事情，你可以看一看历史，很多伟大创举就像是凭空出现的一样。

当你爬山的时候，你通常可以看到山顶，也可以看到脚下的路径。但是你看不到前面弯路后的台阶，也看不到消失在森林里的小径。同样的，你可能不知道实现你的远大梦想的所有步骤。只有走过许多台阶，下一段路才会出现在你面前。就像爬山一样，你有很多不同的路线来实现你的梦想。所以，重要的不是"如何"，而是"做什么"和"为什么"，这才是你成功的动力。明确这两个部分的内容，可以激励你进一步采取行动。

商人、女作家琳达·罗滕伯格向我讲述了"大处着眼、小处做起"的力量。梦想家们需要面对的挑战是，如何将大的挑战分解成一系列小的胜利，一次一点儿的前进。在与马克·马龙（Marc Maron）的历史性播客谈话中，奥巴马总统将对美国政治政策的改变比喻成"让航母转向"——你现在只需改变1度的方向，十五年后你眼前的景色就会大有不同。你可以将你的行动，想象成复利。如果你每天都有1%的进步，那么到年底，你的进步就会达到400%以上。

> ◇ 练习：选择最大胆的目标 ◇
>
> 正确的目标，会创造一种介于恐惧和兴奋之间的感觉。重要的是，你不需要实现这个目标，它不会影响你的健康和幸福。在你开始考虑具体实施以前，大目标也仅仅只是个目标而已。
>
> 实现这一远大目标的五大举措是什么？实现这一远大目标的相关成本是多少？你预期要付出什么？你必须成为谁才能达到这个目标？为了实现这个目标，你需要什么样的支持？（教练？监督你的伙伴？财务股份？智囊团？）

树立信念

当你确信你的远大目标是正确的，并且你信它会发生时，你唯一要做的就是采取行动。但是，当你不能百分之百地确信自己的前进方向，或者不能确信自己是否会成功时，你就要特意停下来，直到再次让自己准备好。你的不自信会破坏你的工作和进步，所以你必须向自己证明：你是正确的。当你从行动中获得积极的结果时，你会继续坚定你的信念。

> ◇ 练习：你会成功的一百个理由 ◇
>
> 为了向自己证明你会成功，列出一百个你会成功的理由。就像律师准备他的案子，或者数学家准备论据一样，你只需要进行真实的陈述。当我的客户提高价格，或者上架新的产品或服务时，我会让他们进行这个练习。当你向客户提供解决方案时，他们可以从你的声音中判断出你对产品的信心水平。当你自信地认为，人们会疯狂地购买你的东西、雇佣你或与你合作时，你会更加容易地说服他们。
>
> 现在，假设你的目标是建立一个播客频道。这里有一些事实证据，可以让你向自己证实它的可行性："其他人早就做过播客了；播客刚开始时成本很低，我有足够的钱开创播客频道；我认识一位播主，我可以向他请教；我善于提问；如果可以把我的信息放大，我会对社区更有用处；等等等等。"一旦你写下了一百个理由，我相信你会对自己实现大目标的信心坚如磐石。

你需要一个团队

远大目标不是一个人就可以完成的。例如，比尔和梅琳达·盖茨基金会（the Bill and Melinda Gates foundation）有一千三百多名员工帮助他们管理数百亿美元的慈善捐赠。

商业顾问兼作家蒙蒂·胡克（Monty Hooke）也同样告诉我：

"你自己可以创造的东西是有上限的。"蒙蒂创建了 EZY VA，一个通过虚拟助理帮助企业家们进行业务配对的组织。

作为 CD Baby 在线音乐的创始人，德雷克·西弗斯知道他要做的事情太多了，不可能一个人完成。于是，他为自己曾经负责的所有职能都创建了一个标准化流程，这样他的任何一名员工都可以按照流程完成这些工作，并且得到和他同样的结果。本质上，西弗斯是把自己放回到了正确的位置。

不管你进行了 MBTI 性格测试还是其他人格评估，不可否认的是，人有很多种类型。当你在组建团队时，你需要寻找那些在个性类型上与你几乎完全相反的人，因为他们会与你互补。一个强大的团队，需要同时拥有远见者和注重细节的成员、交易缔造者和优秀的协调者。

如果你确定自己需要一个团队，下一步就是行动起来。谁已经了解了你的远大目标，并愿意和你并肩作战？你需要雇人来实现这个目标吗？你需要找个生意伙伴吗？也许你需要一个有钱有经验的天使投资人来帮助你。

◇ 练习：你需要谁 ◇

进行财富动态个性评估，找出自己的职业性格类型，然后找出哪些职业性格的人可以与你组成一支完美的团队。接下来参考你在第八章中做的人际网络思维导图，在你的人际网络中找到这些人，与他们讨论你的项目，并邀请他们加入你的团队或项目。

找出你的视野局限性

有些事情是已知的已知,也就是说,有些事情我们知道我们知道。有些事情是已知的未知,也就是说,有些事情我们知道我们不知道。也有些事情,是未知的未知,也就是说,有些事情我们不知道我们不知道。

——美国前国防部长唐纳德·拉姆斯菲尔德（Donald Rumsfeld）,2009 年

我的一位客户计划从美国去泰国攻读研究生学位。她是位演讲家,所以我建议她在曼谷的时候多做几次演讲。她说:"你的意思是我可以成为一名国际演说家?"从来没有人告诉她可以那样做,她从来没有想过这个问题。在罗杰·班尼斯特（Roger Bannister）打破四分钟一英里的记录前,没人认为这是人类可以做到的。以前,没有人认为这世界会出现亿万富翁,直到有人做到了。现在,埃隆·马斯克（Elon Musk）甚至有望成为第一个万亿富翁。

也许你的视野受生活经验所限,或者受你允许自己自由思考的程度所限。你允许自己变大变强吗?还是说,你正在拖自己的后腿,以躲避梦想无法实现的痛苦?如果你已经在你目前的技能水平上取得了你所能取得的最大成就,那么你的远大愿景可能会超出你目前的能力。不要让你目前的技能、生活经验或个性限制了你的视野。经验和技能是为实现你的目标而存在的,个性则会不断发展、成长。

进行长远性计划

志向远大,梦想远大,同时也要进行长远性的计划。如果你没有将总目标和各阶段目标的截止日期提上日程,那你还只是在做梦。现在,你生活中的系统和结构是完美的,所以你现在正处于稳定状态。想要向着远大的目标继续前行,你需要能带给你不同支持的系统和结构。

完美主义是追梦者最大的敌人,因为它会阻止我们采取行动。它只让我们保持在梦境中,却不让我们去实现梦境。一旦你梦到了你的远大愿景,你就要拿出一个行动计划,写下前期要采取的具体步骤,然后留出时间按步骤工作。

我们往往高估了一天能完成的事情,却低估了一年能完成的事情。所以,我们要将冒险心态应用到我们的梦想中,让我们更倾向于行动。当我训练自行车车手时,我教给他们的第一件事就是:作为一名车手,成功并不是一周一次的竭尽全力的锻炼,而是朝着目标齐心协力,不断获得进步。随着我们生理机能地改变,我们需要更多时间来调整我们的身体组织。与一个月获得一场大的胜利相比,还是每天都获得一点小小的胜利比较好。每一次小小的胜利都会增加我们的技能、信心和经验。如果你为自己打造了一个良好的工作系统,那么下一次的挑战就会变得更加简单。

规划你的技能

现在,你已经知道,你可以通过积累和完善自身的(正确)技能,来实现自己的目标。当你开始计划实现你的远大梦想时,你需要思考一下自己需要哪些技能。有时，一个梦想如此之大，以至于你要将它分成多个层次，再一一实现。我有一个很大的梦想，那就是主办一个全球性会议，召集全球的思想领袖来解决全球的问题，并最终将这些内容变成教育课程。这个梦想的关键技能之一，就是我管理复杂现场活动的能力。为了达到这一目标，我正在举办一系列小型活动，如研讨会、探险旅行。

理解最坏情况

建立远大的梦想，但不能无视现实。当然，你有可能会失败。很多人都会被潜在损失所困扰，因为我们对"最坏情况"到底是什么，并没有完全的理解。所以让我们仔细看看，什么是真正的最坏的情况。蒂姆·费里斯称这种做法为"设定恐惧"（fear setting），他说这是他成功的最重要的动力之一。

让我们来看看我的远大梦想——全球目标天才大会（Global Goal Genius Gathering）。如果我花了整整一年的时间，集中所有时间和精力去组织第一场活动，包括组建会务团队、寻找资金、寻找演讲者、计划日程，但最终完全失败了，那么我的真正风险和损失，是什么？我可能会失去我现有业务带来的几十万美元收入；我可能会邀请我关系网络中的资本力量，请求他们支持我的项目；我可能会因为努力工作而筋疲力尽。如果用1~10评分的话，最坏也就是3~4分。而如果本次会议获得圆满成功（哪怕是第一次活动部分成功），那么评分就会到9或者10，而且，我们真的改变了世界。了解最坏的情况，可以帮助我们做好应对的准备，即使我们知道这不太可能发生。你的冒险可能会失败，那么，当冒险失败后，你还能回到原来的位置吗？你有能力重新获得一份类似的工作，并且从头开始吗（对大多数人来说，这是肯定的）？

既然已经确定了最坏的情况，我们是否可以设定限制，降低我们可能遇到的潜在风险和损失呢？当我指导刚开始创业的创业者时，我建议他们继续进行日常工作，直到他们能够从新的创业中获得收入。这就为他们提供了心理上和财务上的安全感，让他们有底气继续创业。

你为谁而建立梦想？

很多人阻止了自己设立长远目标，甚至，他们从一开始不允许自己进行长远性的思考。我太老了，太年轻了，我不擅长电脑，我有孩子，等等。喂，你也太拿自己当回事儿了。但是，当你的目标是为他人服务时，或者你的任务大过你自己时，你就会强迫自己去做好。现在，假设你有个十分远大的目标，远大到你无法看清："我想帮助女性企业家们获得权力！"但实际上你并不认识任何需要赋权的女企业家。所以，你要与当地女企业家组织联系，提出问题，找出一名女企业家并思考如何帮助她。然后，你要回去创建你的产品/服务/计划，让更多女企业家获得赋权。等完成这一切，你可以继续回到角落，重复自己的各种不可能。现在，你已经把你的努力具体化了——什么对这个人有帮助？有时候，有些播客听众会要求我谈论某一特殊话题。然后，当我进行访谈时，我会围绕这一位听众关心的话题，向嘉宾提问。

从你的梦想中得到更多

现实中最酷的事情是,我们得到的往往比我们梦想的还要多。也许你的梦想是让某个视频走红,并获得一百万的浏览量。现在,你可以这样说:"我的梦想是让某个视频走红,并至少获得一百万的浏览量。"当我们建立远大的梦想时,便意味着我们有无限的可能性,我们不能把它们全都想出来。所以,你很可能得到的比你梦想的还要多。

另一方面,如果你朝着尽可能远大的梦想前进,最后却失败了呢?如果你的远大梦想是登上《纽约时报》的畅销书排行榜,为此你做了一次大型图书巡展,做了大量的市场营销,但最终只卖出了三千本书,那该怎么办?其实这成绩已经很不错了,可能当初你这样说更好:"我只是把我写的书出版了,希望大家喜欢。"你还可以向你所在城市的人和你的脸书好友出售五百本。

帮助别人实现梦想

像马丁·路德·金这样的伟大领袖,他们心怀远大梦想,并为我们描绘未来的美丽图景,让我们去追随。作为一名教练,我的工作是帮助他人看到他们看不到的更远大的未来。你的工作是创造一个令人信服的愿景,并让人们加入到这个愿景中。

想想你生命中最有影响力的那些人。他们可能是你的父母、老师、教练,或者是相信你并看到你未来成功一幕的那些人,带着对你的信任,他们会鼓励你进行挑战,让你成为更完美版本的自己。你也可以像这样帮助他人。

如果你想应聘某组织的某职位，你要先做好功课，理解这个职位的要求。你可以与其他类似职位的员工交谈，获得更多信息。利用你的社交技巧在组织内部建立关系。如果你在目标组织内找不到合适的人，那你也可以找一些有经验的行业内人士，了解一下这个领域的最大挑战是什么。这样，你就可以带着自己的计划进入面试，为你将要面对的挑战做好准备。在未来一年的时间里，你将在这个组织里完成什么？你要帮助你的雇主看到你工作的宏伟蓝图。在面试时，你要把你面试后六个月到一年中想要完成的每件事都列出来。这会为你带来更多的责任、自主权、认可和报酬。

突出亮点

有时，为了打开思维，我们需要看到有哪些事物、项目是可行的。所以，你要把你的注意力集中在那些运作良好的大计划上，企业家亚伦·赫斯特称之为"亮点"。赫斯特是主根基金会（Taproot foundation）的创始人，他为志愿服务创造了一个每年一百五十亿美元的市场，将那些愿意贡献出自己专业知识的专业人士，与需要他们的组织相互匹配。他的目标是改变人们对自己能做什么的理解。但他面临的最大障碍是，非营利组织的设立并不是为了管理志愿服务的。

亚伦告诉我，他又有了创建"fat start-ups"（大型创业项目）的想法，以加速硅谷精英们的创业趋势。他的目标是创造一个完整的市场，而不是垄断，以便产生更广泛的影响。为了帮助非营利组织从不断增加的志愿服务中获得好处,赫斯特必须向大家展示最棒的非营利组织是如何从志愿服务资源中获得好处的。为了改变整个市场,赫斯特知道自己必须压下正确的杠杆。现在在Imperative,赫斯特的任务是"让所有的工作都感觉像是志愿工作"。

你的梦想发生在哪个社会层面?

亚伦·赫斯特告诉我,我们可以在三个不同社会层面引发变革:个人、组织或社会。例如,在医学领域,你可以成为医生、医院管理者或公共卫生政策的制定者。为了实现你的远大目标,你需要意识到自己想做些什么。知道自己想让影响发生在哪个社会层面,这有助于你避开不适合自己的项目。

远大梦想在行动

不管你是爱他还是恨他,埃隆·马斯克就是个有着远大梦想的代表人物。他为他的梦想(让人类成了一个跨行星物种)注入了无穷无尽的能量。如果你也像马斯克一样,相信我们作为一个物种的未来与生存要依赖对火星的殖民(马斯克,2007),那就应该立刻把"我们不知道怎么做"这样的问题彻底扔掉。因为这是从来没有人做过的事情。马斯克敦促自己和他的公司不断进步、取得各种成果,不惜冒着损失个人全部财产的风险,甚至为了工作可以做到几周不眠不休。对他来说,他的赌注(人类是否会灭绝)足以让他跨越所有障碍。那么,你的赌注是什么?

我的朋友、冒险家戴夫·康斯韦特(Dave Cornthwaite)只是一个二十五岁的普通人，他上班、玩电子游戏、养猫。直到有一天，他买了一块滑板，然后突然意识到生活中还有更多的路要走。他的第一次大型滑板旅行是横跨澳大利亚大陆，打破了长距离滑板的世界纪录。

戴夫随后创建了"Expedition 1000"（远征1000）挑战——完成二十五次一千英里以上的旅程，每一次都使用不同的非机动交通方式。现在，他已经完成了十三次，包括立式单桨冲浪游密西西比河、畅游密苏里河、骑滑板车横渡日本等。此后，他创办了一个名为"Yestival"的节日，帮助其他人实现大冒险的梦想。戴夫说："如果我不相信自己，那么就没有人会相信我了。"

肖恩·康威（Sean Conway）是另一位想要打破环球骑行速度世界纪录的探险家。然而，在经过几个星期的努力后，他被一辆汽车撞伤，不得不放弃挑战。在"冒险艺术"访谈中，肖恩告诉我，他曾再次努力，试图创造骑行穿越欧洲的最快速度纪录，但膝盖上的伤又一次阻止了他。尽管有这两个明显的失败，但不管是对肖恩还是对你，最重要的都是开始。当肖恩打算成为第一个游完英国的长度距离，或者完成世界上最长的铁人三项运动的人时，他并不知道自己会成功还是失败，但他最终都获得了成功。

你应该分享你的梦想吗？

每年，我都会在博客上分享我的年度目标、工作主题和项目计划，我认为这样会让我的责任感更多一些。然而，有一些证据表明，我们不应该（在开始为梦想行动前）立刻与他人分享自己的梦想。因为仅仅是分享自己的梦想，就可以让你从公众的认可中获得心理上的满足，而这会削弱你的动力。

此外，分享梦想，通常会发生以下两种情况之一：爱你的人不管怎样都会支持你，告诉你，你会成功的。他们可能对你的职业选择没有精准的认识，但不管怎样，他们都会支持你。这对增强你的自信很有帮助，但你不会收到任何现实的、有意义的建议。另一件经常发生的事，就是人们会试图阻止你。他们会说："你想的永远行不通。非要这样做的话，你会失去你的朋友，你会破产，变成个流浪汉，等等。"虽然这些人爱你，关心你的成功，但他们对自己未知的恐惧，会导致他们错误地评估你实现梦想的机会。

有时候，我们说我们没有远大的梦想，但我们内心深处真的有。有多少次我们听到有人说，他们没有得到晋升/没有被选入团队/没有达成销售等，然后他们说："反正我也不想要。"

展示你的优秀

在澳大利亚，有个名词叫高罂粟综合征（tall poppy syndrome）[1]，所以，不要高高在上！在美国，我们会嘲笑那些谈论自己优秀之处的人，我们称之为吹牛或自大。你甚至可能不让自己看到自己的优秀之处，因为你害怕自己不被他人接受。

我们都想被他人接受，将自己融入社会，所以我们会把光线

---

1. 译者注：类似中国的"树大招风"、"枪打出头鸟"，或者"仇富病"。

调暗，希望其他人更多地接近我们，更喜欢我们。人们甚至把抱怨当作闲聊的主题，当作与他人建立联系的手段。这种行为传递出的微妙信息是："让我们在一起'不太好'"。

和商务指导客户（学员）通话时，我们每一次通话都以吹牛或庆祝胜利开始。因为通常来讲，这是唯一一个可以让人们真正接受、承认自己的成就和优秀之处的方法。

一开始，人们觉得这很有挑战性。他们很难找出自己哪些地方做得好，或者表现得优秀。但慢慢地，这种对话成了他们的释放和解脱，他们终于开始接受自己的优秀。对大部分人来说，他们很容易看到他人身上的优秀之处，却很难看到自己的。但是，如果你连自己最优秀的品质都不承认，或者不敢表现出来，那你要怎么做出影响世界的壮举呢？

如果我们把整个情况都翻转过来会怎么样？如果我们鼓励人们接受他们的优秀，他们的了不起呢？如果你知道这样做能拉近你与他人的距离，让你更受爱戴、更加被接纳，而不是害怕自己做过的那些很酷的事情，那会怎么样呢？你想拥有那些你擅长的东西吗？

"如果"游戏

在我的"冒险探索旅游"活动中，我们常常玩"如果"游戏。如果我是世界的总统呢？如果我能飞呢？如果大家都同意帮助我呢？如果我们结束世界饥饿呢？当你开始问出大的问题时，你就会得到大的答案。

你要用问题引导你的想法朝着正确的方向发展。

> ◇ 练习：我有一个梦想 ◇
>
> 使用马丁·路德·金《我有一个梦想》(*I have a dream*)的风格写下你自己的宣言。你希望世界上发生什么变化？你想为哪些人提供帮助？什么东西让你充满斗志？怎样的事业会让你在大雨中露营，苦苦守候？你对人类的愿景是什么？这一切要如何和你的新职业融为一体？
>
> 视野扩展问题：
>
> - 如果你把下一个活动的范围乘以十，那这个活动会是什么样子？
> - 如果我给你一百万美元来实施你的下一个计划，这会对你的进程产生怎样的影响？
> - 如果你不会失败，你会怎么做？
> - 如果你觉得按照自己的方法不论做什么都会获得100%的成功，你今年会采用怎样不同的工作方式？
> - 你认为现在不可能但十到二十年后可能实现的事情是什么？
> - 对这个世界你最想改变的或是增加的，是什么？

结论

我们已经讨论了如何建立一个远大的梦想，计划它并开始行动，哪怕你还没有看到实现目标的所有步骤。我们在自己的梦中获得了信念的力量，这样我们就不会破坏我们自己的努力。我们明白了有点疯狂其实是件好事，因为只有这样我们才能真正有所作为。我们学会了如何计划最坏的情况，这样我们就不会有任何对未知的恐惧。我们强调了一些亮点——远大的梦想带来惊人的成就，因此我们可以向自己证明，远大的目标是可以实现的。我们学会了如何将注意力放在我们已取得的成就上，并以此避开反对者的陷阱。

Chapter 9

游戏化你的工作，让成长充满乐趣

当人类创造、分享喜悦或惊奇的体验时，他们往往会以更戏剧化的方式改变这个社会。

——约翰逊（Johnson），2017 年

我在墨西哥卡波圣卢卡斯的海湾四处张望，发现我看到的几乎所有事情，都是为了让人们获得乐趣。卡波曾经是一个寂静无名的渔村，直到有人选择将这里变为度假胜地。

我在周围看到的是：价值数十亿美元的度假区、在大海中上下翻飞的喷水悬浮滑板、沙滩排球比赛、沙滩舞蹈俱乐部、赏鲸游船、站立式浆板划水、滑翔伞，以及大量饮用玛格丽塔酒的人。整个城市都是为了乐趣而建的。

然后我思考了一下实现这一目标所需的基本专业知识：你需要优秀的建筑商和建筑师来建造这些度假村，还要有销售人员进行推销；要制作喷水悬浮滑板，你需要各种类型的工程专业知识；为了安全接近座头鲸族群，你需要海洋生物学和驾驶船只的专业知识。这些都是"乐趣"的经济驱动力。

此时我意识到，有很多城市都是围绕着不同的娱乐理念而建的 [拉斯维加斯（Las Vegas）、阿斯彭（Aspen）等]。我开始好奇，娱乐是不是已经成为世界经济、创新和卓越事业的最重要驱动力之一。像捷步达康（Zappos）和迪士尼（Disney）这样的公司，

已经将他们的全部商誉都建立在乐趣（以及亲切度）之上。

无论在哪里，大型产业都是围绕喜悦和乐趣建立的：电影、电子游戏、体育、旅游、主题公园、音乐会，等等。我们就是为了乐趣和游玩而生的。本章将介绍如何利用喜悦、乐趣、游戏和好奇心来推动你在事业上的成功。正如漫画家沃克·凯利（Walk Kelly）和他的连环漫画《负鼠波戈》（Pogo Possum）那样，乐趣也可以让人们获得更严肃的信息。游戏可以鼓励我们去尝试，进而导致一些重大信息被发现或者引起市场格局的大变动，就像理查德·费曼（Richard Feynman）和沃尔玛（Walmart）那样。

我们还将讨论游戏化（gamification）。你可能已经听说过游戏化，简单地说，游戏化就是从游戏中汲取灵感，并将其应用到其他非游戏的事业中。大多数游戏化活动都十分基础，比如童子军奖励系统，有排行榜和积分，你可以为自己赢取徽章。但我们将更加深入，我们要学习如何将游戏心态融入我们的事业以及自身发展之中。

你可能要问，为什么我们谈论游戏？这不是一本很严肃的、关于职业发展的书吗？答案是：游戏很强大。当我读研究生的时候，生物化学游戏《蛋白质折叠》（Fold It）被创造出来，目的是解决蛋白质折叠的问题。几十年来，研究人员一直试图弄清一种特定的艾滋病相关蛋白是如何折叠的。游戏发布后，玩家仅用三周时间就解决了这个问题（佩克汉姆，2011）。英国《卫报》（The Guardian）创建了一个众包实验游戏，读者可以从中筛选数千名议员的支出报告，以发现可能的有趣故事。

公司和组织正在利用游戏化来设计他们的业务与挑战，这样做可以吸引员工们参与其中。这也是我的播客嘉宾埃丽卡·德旺与她的咨询公司采用的获取和维持人才的战略之一。她在教公司使用了类似《鲨鱼坦克》（*Shark Tank*）或奥运会风格的比赛，让员工参与公司内的重大活动，不管他们是不是高层决策团队的一员。2007年，世界粮食计划署（World Food Programme）推出了一款广受欢迎的网络游戏《免费大米》（*Freerice*），用以吸引广告资金去救助那些饥饿的人。到目前为止，他们已经捐赠出三百多万磅（约1360吨）大米（赫勒，2015）。

当我创建"冒险探索旅游"时，我已经组织大学伙伴们滑雪旅行很多年了。在"冒险探索旅游"中，我会通过富有乐趣的身体挑战（如攀岩和冲浪）将人们聚集在一起。我从中了解到，共同参与有趣的活动，可以增加团队成员彼此间的联系。在一次"冒险探索旅游"滑雪旅行中，我们几个老朋友通过分享挑战，成功地与很多陌生人打成一片，作为一个团队聚集在了一起。有一次，我和尼克·伍德在巴厘岛的乌布举办了一周一次的男子终极飞盘大赛，我们的目标是建立男人间的共享社区。

我为了开始这本书创建了众筹活动，在活动中我们使用了几种不同的游戏技巧。首先，对于所有支持者，我们都提供了不同等级的奖励，比如免费参加我的指导课程，或者我会在对方的组织中进行一次演讲。书的支持者和我，都在与时间进行赛跑。我们正争分夺秒地争取足够的支持，以吸引传统出版商的注意。现在你正在读这本书，所以，你知道我们成功了！我还要在活动的第一天加大获得支持的力度，这样我们一开始就可以达成25%的目标。这是因为人们更愿意参与到一个成功的项目中,而我们的努力很快就建立起了这方面的社会认同。当我邀请人们支持这个图书项目时,我总是会提到有多少人已经支持了这个项目,以及我们要共同努力把这些信息传递给更多的人,让他们受益。这使我们在出版一本书的过程中结为同盟。

游戏可以是面向客户、面向员工和面向个人的。游戏可以增加客户参与度,并帮助你最终获得客户。游戏可以激励和团结员工。游戏化可以给你一个强大的框架,让你更加投入地工作,并努力提高你的技能。游戏心态可以让你承担更多的风险,跳出框架思考。游戏心态允许你围绕自己的目标设定参数,并一路庆祝自己的成功。Target公司将游戏引入了收银员的工作——通过红灯或绿灯闪烁,告诉收银员是否在最佳时间内扫描了商品(海恩,2013)。游戏为我们提供了一条清晰的制胜之路——没有其他任何关于成功的规定,除了你定制的之外。玩家控制着他们正在玩的游戏。有一些公司,如维尔福软件公司(Valve),让员工控制他们自己的工作项目,就像自由职业者那样(詹金斯,2017)。我们将利用游戏提前看到我们生活和事业的成功愿景。

喜悦的价值

史蒂芬·约翰逊(Stephen Johnson)在《仙境》(*Wonderland*)一书中向我们说明,几千年来,喜悦一直是经济的驱动力。在历史最早出现的物品中,就有使用骨头制作的乐器。为什么我们的祖先不利用有限的资源去生产更多的食物或建造房屋呢?或许是因为喜悦这种强大的驱动力，让他们无法离开音乐。在古地中海的腓尼基市，一盎司[1]紫色染料价值超过一盎司黄金。在当时，提洛尔紫（Tyrolean purple）是最生动、最独特的染料之一。它之所以如此昂贵，是因为我们都喜欢能让自己看上去伟大、不凡的漂亮衣服。几千年来，喜悦一直推动着全球经济。

我们人类愿意投入大量的时间和精力来完善我们在娱乐方面的能力。作为一名自行车赛手，我看到了过去几十年自行车的发展，包括复合技术、纳米技术、陶瓷、空气动力学、风洞测试和计算机建模。所有这些都是为了提高自行车的速度、舒适性和耐用性，而自行车只是让我们感到兴奋和喜悦的一件大玩具。要知道，在环法自行车赛开始的时候，木制以外的车轮都是违规的！看看我们走了多远。

令人惊讶的是，我们还在发明新的运动项目，比如翼装飞行和风筝滑板，这些还不是最近才出现的运动。在商业和职业生涯中，有一种严肃的工作方式：解决一个问题，满足一个需求。此外，还有一种有趣的工作方式：使人们惊奇、高兴和备受鼓舞。当然，你可以同时使用这两种方式。

兴奋使你前进

我们之前讨论过，当你在职业生涯中面临挑战时，你需要有一个强有力的理由让自己坚持下去。当然，你的"为什么"可以包含

1.1 盎司约为 28.35 克。

"因为我喜欢它"这个强大的因素，以及快乐（喜悦）。我之所以坚持在"冒险艺术"播客上采访嘉宾，是因为这样我能与令人惊奇的人物交谈并从他们身上学习，这对我来说是莫大的喜悦。我也喜欢和商业指导的客户们在一起。而且，根据 INC 杂志所说，参与型团队的利润增长速度是闲散型团队的三倍（詹金斯，2017）。

对自己的工作有一种与生俱来的兴趣，并感到被工作吸引（而不是因为责任和义务而不得不去做），这样会让你更有动力。我们都需要期待和希望。兴趣与好奇心会齐头并进——你要对自己能够在职业生涯中创造出什么感到好奇。你有怎样的可能性？一些伟大的发现和发明，起源于科学家们追随自己好奇心时的胡思乱想。以理查德·费曼的诺贝尔物理学奖获奖成果为例，这个想法是他在康奈尔大学自助餐厅旋转盘子时突然想到的。

喜欢玩耍是我们的天性

在企业界，我最常听到的抱怨就是人们觉得不好玩。我的一位客户告诉我，每次例会都让他感觉是"在蛋壳上行走"，他们无法表达喜悦，也无法说出心里话，只因为害怕让房间里的某位大人物不高兴。

如果我们创造了一个让工作场所充满乐趣的世界呢？

对几乎所有的哺乳动物来说，玩耍是幼崽们学习和突破极限的最佳实践方式。想象一下小狗或小猫在一起打闹，或者一只幼鹿蹦蹦跳跳地在森林里循路而行。我们已经在这本书中了解到，玩耍会让我们产生大量的多巴胺——一种在我们解决问题或利用创造力时出现的、让我们感到快乐的神经递质。我们可以利用这些生物学原理，"黑"进让我们产生快乐的系统，让有趣的挑战成为我们源源不断的快乐来源。

在科学和创新中玩耍

我们都知道，托马斯·爱迪生（Thomas Edison）是个修补匠。在发现白炽灯泡的碳化灯丝之前，他试验过数千种不同材质的灯丝。从本质上讲，修补和玩耍都是充满目的性的、有趣的活动，可以为世界创造出新的东西。很多年来，谷歌一直有一种叫作"20%时间"的理念，即拿出20%的时间让员工们进行他们认为对公司有好处的项目。在这一方式下诞生了一些谷歌著名的产品，如谷歌邮箱、谷歌地图和谷歌联盟（德昂弗罗，2015）。

我读研究生的时候，在病毒学实验室里玩耍，就是我们开始研究的主要动力。外部人士通常不了解，在我们设计出完整的、正式的、重要到能够发表的实验之前，我们会进行大量的"即兴"实验。

比如，我会去黄石国家公园，徒步穿越一片满是温泉的平原，沿途从那些特别热或酸性特别强的温泉中采集样本。回到实验室后，我会尝试培养温泉里的物质，方法是将一小个样本加入到富含营养液的培养基中，过一段时间看看是否会有东西生长出来。

直到我最终培养出了嗜极微生物，我才会准备开始正式的实验，研究和确定温泉中的微生物和病毒种类。同样的事情也发生在我们的职业生涯中。我们会创造一个产品，然后让少数人进行测试，确定这是个被市场接受的好产品，最后我们才会发布产品的正式版。即便如此,产品也在不断发展中。让我们看看如果添加某些功能会发生什么。

在你的职业生涯中,你可以做一些小实验。你可以离开现在的公司,去竞争对手的公司工作,如果效果不好,就再回到原来的工作岗位;或者你可以尝试兼职工作,如果你发现自己很喜欢这份工作,再转为全职。在玩转你的职业生涯时,最重要的是:你要知道自己要从实验中获得什么。那么,你要如何才能知道你的变化是更好的,或者它教给了你一些东西,或者给你指明了一条不同的道路?这就是每周与自己或教练进行一次"明确性对话"的重要性。

在"明确性对话"中,你要询问自己以下问题:我觉得我在这个项目上的工作有意义吗?下个星期,我要与谁沟通才能达成我的目标?当我接受这个新的挑战时,让我惊讶的是什么?关于我所看重的工作类型,我已经了解到了什么?什么类型的事情,会让我感到容易、轻松?花点时间看看你离自己的理想职业越来越近,还是越来越远,以免让自己陷入一条没有远见的道路。

战略性玩耍

在最近的一次"冒险探索旅游"活动中,我们去了阿肯色州的奥扎克山进行攀岩。我们花了一整天的时间来思考攀岩和做生意的相似之处:

- 它们都没有规则。
- 当你失败或跌落时,你心里会怎么想?

- 鼓励对这二者来说都很有帮助。
- 设置安全网，可以让你冒更大的险。
- 你可以绕着一个问题横向移动。
- 攀岩的方法是无穷的，不同的人可以利用不同的技巧到达山顶。
- 一天下来，我们感觉5.5级的攀岩路线太容易了，因为我们已经通过5.9级路线顺利登顶。

事后，攀岩伙伴们纷纷表示，他们从这次活动中受到了启迪，现在他们可以使用与原来完全不同的方式处理工作中的问题。他们的思考方式变得更有乐趣，这让他们想出了全新的解决问题的方法。

乐趣创造沃尔玛

白手起家的亿万富翁山姆·沃尔顿（Sam Walton，沃尔玛的创始人），是美国商界最传奇的人物之一。在《富甲美国》（*Made in America*）一书中，沃尔顿讲述了沃尔玛通过游戏获得竞争优势的许多故事。沃尔玛是最早在店外进行大型宣传展示的商店之一。有一次，他们用洗衣粉盒子制作了一个巨大的金字塔雕塑，以此吸引人们注目并进店消费。在沃尔玛公司，每星期六上午的例会或股东大会的休息时间，不时会出现音乐和舞蹈。

追求的乐趣

探求（quest）这一理念和寻找圣杯一样古老。我发现，越来越多的人正在努力实现自己的"遗愿清单"。探求是用来实现某事的更大框架。通常来讲，探求的本质就是某个东西、某件事在召唤你，就像英雄感受到冒险的召唤一样。以下是我最喜欢的一些"探求"活动，都来自"冒险艺术"播客的嘉宾。

美国作家克里斯·吉列博（Chris Guillebeau）的探求是：在三十五岁之前访问世界上的所有国家。探险家戴夫·康斯韦特的探求是：完成二十五次一千英里以上的旅程，每一次都使用不同的非机动交通方式。英国艺术家安妮-劳雷·卡鲁斯的探求是：乘坐路虎环游地中海地区，并与每个国家的艺术家进行艺术合作；我自己的两个探求是：录制三百期播客（两百期已录，一百期待录）；在每个有人居住的大洲住上三个月或更长时间（四个已完成，两个待完成）。

与日常工作和挑战相比，探求是更为长期的。你也可以为你的职业选择直接或间接影响的探求。例如，我的三百期播客访谈的探求，直接影响到了我作为访谈者的职业生涯，而生活在各个大洲，让我接触到了很多有利于我职业生涯的商业理念和商业风格。拥有与职业生涯相关的长期目标，可以同时带给你幸福、快乐和满足。因为你已经宣布了一个清晰的探求目标，你将能够迅速抓住为实现你目标的机会，并忽略其他不适当的机会。

像其他目标一样，你的探求也要有明确的、可测量的标准。这意味着你也要设定完成的最后期限。你甚至可以把学会这本书中的所有技能当作一种探求，只要你为它设定标准的话。

探求的乐趣在于，它的目标通常是很大的、大胆的、冒险的。千万不要让风险阻碍你！因为这些探求很重要、很有意义，所以你要知道，它们需要时间、专注力和精力。选择进行某项探求，意味着你关上了其他机会的大门。缺少坚持，你不可能完成为期一年或十年的探求。在你的职业生涯中，探求仅仅是一次又一次地出现，就会为你前进的道路消除许多陷阱。

当你开始自己的探求时，你要允许自己做白日梦，充分想象一切可能的结果。做白日梦能让你比平时想得更多。你必须让自己进入这种状态。

随着英雄之旅的结束，你作为一名接受探求的冒险家，将带着冒险的宝藏回归。这意味着你已经永远改变，你对自己的团队的价值也会大大增加。你将获得技能、信心、适应力和毅力，并将它们投入到你的事业和社区中。这些职业上的探求十分有趣，以至于你会上瘾。只要确保你给自己时间去适应这些新的情况、利用这些新的经验。

游戏化

在 TEDx 演讲中，游戏化专家周郁凯（Yu-kai Chou）向观众们介绍了如何将游戏元素融入我们的日常生活中，让无聊的事情变得更加刺激。周郁凯提醒我们，比起长期目标，大脑更需要即时满足感。在实现更大目标的过程中，游戏化可以突出我们取得的阶段性小成就，这就是 Nike＋应用程序所做的：它会向用户进行提醒，展示他们已经完成的锻炼量，以及距离每日目标有多么接近，这种做法可以满足我们对成就感的需求。使用这款应用的人还可以向他们的朋友提出挑战，这进一步引入了社交元素。在航空公司和信用卡公司提供的长期游戏中，客户可以赚取航空里程、精英等级并兑换里程和积分。这会给你带来成就感和拥有感（周郁凯，2017）。

我参加了营销顾问约翰·阿伯特（John Abbott）在"Freedom X Fest"（自由X节）上的演讲，并了解到，你可以通过在线竞赛这种游戏化方式来扩大客户群体。如果一位客户将竞赛活动分享给他的朋友或贴上标签，那么他就可以获得更多竞赛的机会，这样这个在线竞赛活动就会扩散开来。食品博客可以通过赠送搅拌机——他们的读者喜欢的东西——扩大他们的观众群和粉丝。竞赛通常与社交媒体网络使用的算法密切相关。如果你通过社交标签分享给你的朋友，让他们跟随你进入竞赛，你就会拥有更多参与竞赛的机会（以及更大的获胜概率）。竞赛参与机会，是了解你的客户及其产品相关行为的好方法。如果你能够获得不同合作伙伴捐赠出的奖品，你同样也可以利用他们现有的网络。你的观众喜欢哪个平台并不重要，我见过横跨好几个平台的竞赛活动，但它有一个独立的竞赛入口页面。因此，请记住周郁凯的理论，寻找并通过可行的游戏化方案增强你与客户的联系、扩大你的客户规模（莱德加德，2017）。

◇ **游戏化案例研究：伟大冒险电子课程** ◇

在与在线教育家布拉德利·莫里斯（Bradley Morris）的访谈中，我知道了他的视频培训课程：伟大冒险电子课程

(Great E-Course adventure)。我第一次看到这种类型的在线培训：它将标准视频讲座课程的理念与类似视频游戏的故事融为一体。该课程的创立者们知道，在线课程行业的一个主要问题是，只有一小部分人真正完成了培训（塞斯·高汀在"蒂姆·费里斯秀"上说，大多数课程的未完成率为97%，而他自己的课程的未完成率也超过80%）。他们知道自己的教材很好，如果他们能够破解这一情况，让学生们完成所有学习，这不仅对学生们自身有很大好处，还可以大大促进在线教育的发展。

他们的策略基础是：让电子课程像爬山一样。创作者布拉德利·莫里斯和安迪·费斯特（Andy Feist）加入不同的游戏化元素，让他们的课程更有吸引力。他们有一个类似童子军的奖章制度。当你完成一堂课，开始下堂课时，你会获得徽章。同时，你也可以挣到一种叫作"Bajillion"的钱，你可以把这些钱花在对课程创作者有用的现实用途上，比如照明系统或视频编辑软件。

课程中的每个新模块都是山上的一个新位置。还有些地方像"验证沼泽"和"自动河"。在这些地方有一些神奇的生物作为导师和向导。甚至视频本身都是用绿幕完成的，然后与山的背景融合在一起。

你想上哪门课：一个是一系列你只能观看的视频，另一个是在课程中当一名英雄，去获取自己想要的成功（在这种情况下，通过电子课程教授你所知道的知识来赚钱）？

健康竞争的重要性

我在大学里参加过越野队和田径队的长跑训练。在赛季中的每一周,我们会获得来自全国各地的比赛结果,并将自己的成绩与对手的成绩进行比较。每天锻炼时,有些跑步者会比其他人快半步,这会让所有人的速度都变得越来越快。现在,有了Strava运动应用程序,自行车骑手和跑步者可以通过GPS记录自己在某段路程上花费的时间,并与其他跑过该段路程的人进行比较。当我第一次使用这个应用程序时,我体验到了成为该路段第一名的喜悦,直到有更快的人出现!我又试了几次,创造了新的纪录。这需要我们集中精力,否则无法做到。

许多人天生就喜欢与别人竞争。脸书上有很多人看起来过着很好的生活,将自己与这些人相比,这可能会伤害你的自尊心。但是,如果使用一个客观的标准来进行比较,那么你可以激励自己做到最好。例如,销售组织鼓励人们在一个季度内达到更高的销售额,然后通过奖金或其他形式的奖品奖励达标者。

众包创新

2009年,在经济大衰退时,我失业了。于是,我尝试了各种网上的赚钱计划。我试着成为神秘顾客和产品评论员,我还加入了众包创新平台餐巾纸实验室(Napkin Labs)。其他公司会雇佣餐巾纸实验室为他们创造新产品,而餐巾纸实验室则会召集二十五至五十个来自不同领域的人,将他们组成一个多元化团队,帮助解决这些公司提出的问题并创造新产品。我知道 IDEO 的创新者们也在做类似的事情，我很想看看这一模式的实际运作方式。

在项目结束后，通常是三个星期，你将按照贡献的大小获得相应的经济报酬。如果你贡献了更多的想法，如果团队中的其他成员喜欢你的想法并为你投了赞成票，你也会赚得更多。即使你的想法有争议，你也会因为积极参与讨论而获得相应评分。此外，还有额外奖金奖励那些提出最终结解决方案的人。在这个系统中，我们不仅解决了"创造一个新吊床""创造一个新购物车"之类的问题，我们同时还玩了一个游戏。在这个游戏中，我们可以拿自己和团队中的其他人进行比较，而且我们的贡献也可以兑换到即时奖励。

我还记得，在一个项目中，我铆足精神全力以赴，想看看自己能否进入排行榜的榜首。但这个项目中似乎还有另几位失业人士，因为每次我登录社区空间时，总会发现有人超过我的积分。我必须提出更多的想法，才能重获积分榜首位。我甚至没有关注到这个项目中的游戏元素，但我在这个项目中倾注了我最棒的想法；客户也得到了他们所需要的东西，且不必强迫或哄骗我进行付出。所以说，我们要利用游戏的结构，从人们那里获得他们最好的工作成果。

思考的框架

我一直很喜欢棋类游戏，因为它给了你一个明确的目标：赢得比赛，以及如何做到这一点的明确规则。在这些规则下，你可以使用任何可能的方法来实现你的目标。我最喜欢的桌游有《卡坦岛》(Settlers of Catan)、《大战役》(Risk)和《地产大亨》(Monopoly)，这些游戏围绕着贸易、谈判、联盟和合作展开。这意味着我要尝试自己从书中学到的所有心理技巧，从强迫到劝说，从互惠到社会认同，这样才能创造条件让自己赢得胜利。这些游戏通过强迫我们以一种特定的方式获胜，来扩展我们的创造力。我们已经在第三章学到，当我们将注意力聚焦在某个特定领域时，我们的创造性思维会得到极大地扩展。在日常工作中，如果你能清晰定义如何获胜，那么你会想出更好的策略来做到这一点。

在游戏中，我们往往愿意冒更大的风险去尝试新的事物，因为最坏的结果也只是输掉游戏（但我依然很讨厌输）。游戏和现实生活的不同之处在于，在现实世界中我们要小心谨慎得多，这意味着我们也在削弱自己获胜的机会。因为我们还要考虑真实的金钱、健康和人际关系，所以我们会玩得更谨慎、更保守，规模也更小。但是，如果我告诉你，你冒险行为的很多负面影响并不是真的呢（就像在游戏里一样）？我们大脑中产生的"负面影响"，是自然本性的一部分，它让我们对威胁更加警醒。如果你计算过风险并勇于承担，那么你终将获得大胜。那么，如果我们像对待自己最喜欢的游戏一样对待自己的职业呢？你会更愿意冒险吗？

游戏非常有用，因为它们缩小了我们的竞争对手数量。我们不是想打败全世界，我们只是想打败直接与我们竞争的对手。在现实生活中，你几乎无法让自己与整个世界比较、竞争（这种情况会发生在像upwork或fiverr这样的大型自由职业网站上），但是当你与销售团队中的其他人进行内部竞争时，就容易多了。

视频游戏设计师简·麦戈尼格尔（Jane McGonigal）是研究游戏思维如何为我们生活和事业带来益处的顶级游戏理论家之一。她认为我们可以利用游戏促进创伤后的成长，比如，人们可以把一场大灾难转变为对生活的更多欣赏和热情。正是我们看待和应对压力的方式促使了我们的成长。如果你没有经历过创伤事件呢？那么你也会经历麦戈尼格尔所说狂喜后成长，这经常是在完成马拉松、戒烟或完成小说著作后发生的成长（麦戈尼格尔，2015）。

将游戏化作为你的工具

还记得你在故事讲述章节中对"英雄之旅"的简短介绍吗？电子游戏经常使用英雄成长作为推动游戏发展的故事主线。在游戏中，你有很多升级方法，比如进行更难的战斗、得到新的工具、获得新的技能，等等。游戏可以让人上瘾，原因就在于这些强有力的故事体验。

如果你从游戏的角度看待自己的生活呢？如果让你自己成为故事的英雄呢？这正是简·麦戈尼格尔在困境中对自己做的，她经历过一次严重的颅脑损伤并从中恢复。也正是出于这种理念，她为人们创造了 SuperBetter 游戏框架。

以下是 SuperBetter 的规则以及将游戏应用到你的职业生涯中的方法：

1. 为自己创造一个挑战。好的挑战有：战胜抑郁、克服焦虑、应对慢性疾病或疼痛、找到新工作、养成新习惯、培养人才、提高技能。

2. 获取"状态提升道具"（就像你在游戏中获得的枪支和道具）。比如晒晒太阳、休息一下、吃点好吃的、听听你最喜欢的音乐。

3. 与坏人战斗。这里的"坏人"是指阻碍你完成挑战的各种因素。比如你正在寻找一份新工作，"坏人"可能就是在面试前的不安感，它质疑你的能力，或者责备你没有抓住机会。

4. 继续探求。你要持续进行一些较小的挑战，以帮助你战胜大的挑战。日常探求可以帮助你（你故事中的英雄）培养技巧、力量和能力。你要让这些探求足够小，小到你可以在一天内完成（小的胜利），以你获得"我可以做到"的感觉。

5. 招募盟友。邀请其他人加入你的游戏，他们可以为你提供建议和支持，或者新的探求和"状态提升道具"。如果你可以找到面对和你类似挑战的人当盟友，那就最好不过了。

6. 使用秘密身份。这有助于你思考应对挑战的方式，还可以帮助你保持与问题的距离，让你看到全局。此处请参阅创建超级英雄身份的练习。

7. 追求史诗级胜利。你要进行长远性的思考（见第九章），并接受可以让你提高等级的巨大挑战。这些挑战应该超出你的舒适范围及你的能力极限。例如，在一个月时间内，每天都与潜在客户/雇主/合作伙伴联系，或者与你所在领域的影响者联系，成为他们博客/播客/YouTube频道的嘉宾。

> ◇ 练习：设计你的游戏 ◇
>
> 使用 SuperBetter 框架，为自己创造一个以职业为中心的挑战。它可以是找一份新工作、掌握本书中的一项技能、养成一个可以提升职业表现的习惯。除此之外，你也可以自行思考、创造。

将生命视为运动

我的朋友尼克·伍德，终身体育（Life Athletics）的创始人，问过我这样一个问题："我们怎样才能把生活视为一场游戏或一项运动？"我们已经了解了麦戈尼格尔的游戏框架，现在让我们看看如何对运动与生活进行比较。我和尼克在巴厘岛做了一段时间的室友，每次出门前，我们都会进行一个小小的仪式。尼克会问："你怎么知道今天你赢了？"这意思是，你可以设定自己的成功标准，然后鼓起勇气去克服你为自己提出的挑战。这种挑战可以以明确的方式出现，"我要当今天的话语领袖"；也可以以明确的、可衡量的目标出现，"我要在派对上和五个新人交谈"。

尼克把生活中的所有方面都看作是可训练的，他会问自己："我在生活中的哪些方面做得不好？"尼克告诉我，对生活某一领域的训练往往也适用于另一领域。例如，我大学刚刚毕业时，有人建议我把运动训练的经验放在简历上，并在面试的时候谈论一下。现在，我在招聘员工和组建团队过程中，会自然而然地认为：那些经历过巨大运动挑战的人，可以将运动中的毅力和技能转移到商业工作中。

案例研究：我在一场自创的游戏中打败了我的女朋友

我和我的伴侣海蒂去年自创了一个游戏。这一切源于我们想要更多的乐趣，我们想激励自己做更多的、某一类型的活动。所以我们为各种活动设立积分，并努力收集这些积分。赢取积分的方法包括听播客、看书、挣钱、完成锻炼、做一些勇敢的事情或与朋友共度美好时光。每天结束时，我们都会把自己的得分加起来进行比较。

我们的游戏中既有大棒又有胡萝卜：胜利者可以得到失败者的按摩服务，或者由失败者出钱让胜利者享受专业按摩。我们发现，每天获得的积分是对我们专注于重要事情的奖励。我们也喜欢保持连续性，有一次，海蒂连续十五天因为同一件事得分。

假设你正在努力养成某种习惯，你可以玩上一个月通过该习惯活动获得积分的游戏。到了月底，这项习惯活动就会成为你的日常安排。在我自己的团队里，我们有一个竞赛：看谁能推荐最多的新客户。竞赛奖励是不断加强的；每有一个新客户，奖励的等级就会升一级。

游戏框架案例研究：创业周末

在巴厘岛的乌布，当地的联合办公空间 Hubud 每年都会举办几次"创业周末"（Startup Weekend）活动。在一个周末的五十四个小时里（从周五 18：00 下班开始），人们聚在一起参加一个创业比赛。这个活动不是让大家聚在一起谈论商业，而是一场竞赛，看谁能在周末创造出最完整的商业业务概念。周末结束时，所有的项目都会被轮流评判，获胜者会得到指导、资金和发展全新业务的机会。

我目睹了人们全力以赴地围绕他们的想法努力工作。有一些参与者已经有了创业的想法和目标，另一些人则在寻找合作伙伴和导师。因为活动有时间和形式上的限制，所以人们争先恐后地在评委席前展示自己的作品。在这一整个周末，你可以和投资者及导师一起完成创业的准备工作。

创业周末的过程，是从提出你的想法、组建或加入团队开始的。一旦你的团队形成了一个可行的想法，第二天就会进一步讨论如何寻找客户，开发新产品，做市场调查，接受指导，完善整个商业模式。就像在第三章一样，我们知道时间和形式的限制可以帮助你更有创造力。我喜欢这种活动模式，因为它有一个明确的终点：限时五十四小时；以及赢得比赛的明确方法：由有经验的评委投票选出获胜者。

很多人都有拖延的倾向，总希望在创业开始前多看一篇博文或一本书，虽然这会给你带来很好的沉浸感，但只有行动才能带来结果。对很多人来说，这个名为"创业周末"的游戏是他们第一次真正尝试经营一家企业。因此，虽然这感觉像是一场游戏，但在那里创建的业务是真正的、有效的业务。如果没有这种经历，一个人很可能会因为过度分析已有的选择而陷入头脑瘫痪的状态。由于创业周末的游戏结构，它可以减轻这方面的压力，让创业变得有趣，让人们愿意承担更大的风险。

游戏和心流

我的朋友吉罗·泰勒（Jiro Taylor）是一名高管教练，他会引领来自全世界的客户们，进行"心流"状态的修养。他们会进行诸如冲浪或滑雪之类的活动，从中学习如何适应心流状态，然后将心流运用在自己的工作中。

我曾经在一个微生物学实验室工作，在那里我们每天要对不同的食品进行数百次检测，以确保它们没有受到任何污染。我花了几周的时间来学习其中的原理和程序。可一旦了解了全过程，我就没什么其他可学的了，我感到越来越无聊。于是，我想出了一个游戏：我会对自己进行的一系列检测进行计时，然后试着找出处理不同步骤的方式，最后做到同时运行多个检测。我认为这是一种可以提高检测速度的方法。首先，我会一次进行一个检测，直至二十五个检测全部完成；第二次，我会先完成所有二十五个检测的第一步，然后是二十五个检测的第二步，直至全部完成，并将这两种方式进行比较。我在我的工作站忙碌着、玩耍着，让自己的身体活动起来，这让一切都变得更有效率。我和另一位微生物学家一起进行这个游戏，看看我们能不能通过合作完成两倍以上的工作。最后，我们的速度大概提高了25%~50%，大大提高了检测时间。但最重要的是，通过这个速度游戏，我们不断地为自己带来新的挑战。如果没有这种挑战，我们的技能很快就会过满溢出，我们会非常无聊。如果你发现自己正处在这种状态中，我建议你首先看看如何扩大你的工作可能性。除了责任的增加或新的有趣任务，采用这种方式最大的好处是，可以让你的工作变得更有乐趣。

每次做家务时，你都可以和自己进行速度竞赛。十几岁时，我与一位运动员（他后来创造了速滑的世界纪录）合作为人们提供修剪草坪服务。我们会给自己计时，看看自己修剪草坪的速度有多快，还有没有提高的空间。一旦达到了体力消耗的极限，我们唯一的选择就是使用更好、更有效的方式去修剪草坪。

结论

多么有趣的一章啊！在本章中，你了解到快乐是我们经济的强大驱动力；你了解了游戏如何在科学和销售领域带来意想不到的影响（费曼和沃尔玛）；你了解了公司如何使用游戏来扩大客户群和留住员工。你学会了几种促进职业发展的思维框架——SuperBetter游戏、探求、把生活看成一项运动；你学习了几个来自不同团体和个人的游戏案例；你也学会了如何通过适当的挑战来让自己更加享受工作。为自己的职业生涯注入乐趣，我的很多客户都从中受益匪浅。那么，你现在最想尝试哪个框架？

关于作者

德雷克·劳德米尔克是一名连续创业家、成功的商业教练和国际演讲者。

自 2014 年以来，德雷克一直在全世界各地旅游，研究不同文化背景下的创业和商业机遇。他到达过四十多个国家，在四大洲生活过。一路上，他向无数的企业家们学习，并在业务发展问题上帮助过成百上千名企业家。

除了这本书的作者，他还是：

- "冒险艺术"（Art of Adventure）播客的创始人和主持人，该播客主题包含了全球创业、旅游和个人发展。他的采访对象都是各领域顶尖的企业家和专业冒险家，很多人都在本书中出现。
- "冒险探索旅游"（Adventure Quest Travel）的创始人，他将企业家和思想领袖们带入荒野，通过这种方式帮助他们提升业务。

在教练和写作领域，德雷克充分利用了他的前职业自行车手和科学家的身份，他对那些可以引导人们充分发挥潜能、获得最大职业发展的流程和策略深感兴趣。

德雷克的使命是帮助人们在职业生涯中找到满足感，在生活中找到冒险和兴奋感。这本书就是他帮助人们最大化自身影响力的庞大工作的一部分。

致　谢

这本书是数百个人智慧与努力的结晶。

首先也是最重要的,我要感谢我生活中的搭档海蒂·凡·坎彭(Heidi Van Campen),她从不让我放弃,还给了我很多零食和爱。

感谢我那小儿子阿克塞尔,谢谢他在我大脑宕机的时候为我带来了无尽的乐趣,没有他,我可能还只是在不停地读书,而不是写书。

我要感谢我的父母,林恩和格雷琴·劳德米尔克(Lynn and Gretchen Loudermilk),他们为本书的早期研究进行了资助,并全心全意地鼓励我,就像他们在我生命中所有时刻做的那样。

我要感谢"冒险艺术"播客的嘉宾和支持者们,是他们带给我关于"超导者"的想法,并推动我将这一想法著作成书。

还有数百人,我无法一一写出你们的名字,但如果你曾给过我鼓励、支持或想法,请替我向你自己敬酒三杯。

最后,我要感谢那些为这本书的出版活动提供支持的人们,他们在本书还仅是一个想法时,就通过预先订购帮助推动本书的面世:

艾伦·凡·坎彭（Allen Van Campen）、阿曼达·泰勒（Amanda Taylor）、安珀·达格尔（Amber Dugger）、艾米·奇尔森（Amie Chilson）、安迪·麦克林（Andy McLean）、艾维·巴尼弛（Aveen Banich）、波·瑞德兹（Bo Rydze）、布兰迪·罗伯茨（Brandi Roberts）、布伦达·墨菲（Brendan Murphy）、布莱恩·波雷格（Brian Plegge）、卡特·克鲁斯（Cat Crews）、克里斯提娜·卡普里罗（Christina Coppolillo）、克劳迪娅·伊斯拉法基尔（Claudia Eslahpazir）、科琳·海耶斯（Colleen Hayes）、戴尔·沃恩（Dale Vaughn）、丹尼·卡尔曼（Danny Kalman）、大卫·兰德尔（David Randall）、唐纳德·凯利（Donald Kelly）、威廉姆·麦德思凯博士（Dr William Madosky）、英联马利集团的马克·普伦德加斯特（Mark Prendergast）、艾略特·布朗（Eliot Brown）、费边·迪特里奇（Fabain Dittrich）、加勒特·菲尔宾（Garrett Philbin）、婕若琳·巴辛斯基（Geralyn Basinski）、吉莉安·尼奥鲁（Gillian Noero）、贡纳·佳福斯（Gunnar Garfors）、盖·文森特（Guy Vincent）、雅各布·梅登（Jacob Madden）、詹姆斯·凯恩（James Kane）、简·瓦布宾斯（Jane Wuebbens）、杰森·特罗伊（Jason Treu）、珍妮弗·罗德斯（Jennifer Rhodes）、珍妮弗·雅伊索（Jennifer Yaeso）、吉米·库塞尔（Jimmy Courcelles）、乔安娜·卡斯尔（Joanna Castle）、乔·迪贝纳多（Joe DiBernardo）、约翰·道格拉斯（John Douglas）、约翰·布朗（John Brown）、凯斯琳·哈里斯（Kathleen Harris）、凯蒂·提提（Katie Titi）、肯·多恩（Ken Dorn）、肯特·卡拉瑟斯（Kent Caruthers）、基卡·塔夫（Kika Tuff）、凯尔·

英厄姆（Kyle Ingham）、劳拉·拉蒂默（Laura Latimer）、李·康斯坦丁（Lee Constantine）、林德赛·麦考伊（Lindsey McCoy）、洛蕾塔·布罗伊宁（Loretta Breuning）、路易斯·杰布（Louis Jebb）、莉迪亚·斯特吉斯（Lydia Sturgis）、林恩·劳德米尔克（Lynn Loudermilk）、玛丽·德尚（Marie Deschamps）、马克·怀特令（Mark Witzling）、马丁·莱特尼尔（Martin Leitner）、马丁斯·布卢姆（Martins Blums）、马特·兰丁（Matt Lambdin）、马特·韦格曼（Matt Wegmann）、麦格·米尔斯（Meg Mills）、迈克尔·罗德斯（Michael Lodes）、莫娜·莫特瓦尼（Mona Motwani）、皮特·狄龙（Pete Dillon）、拉尔夫·韦弗（Ralph Wafer）、里奇·汤普森（Rich Thompson）、里奇·伯克（Richie Burke）、罗斯科·索匹尼克（Roscoe Sopiwnik）、萨尔·马里亚诺（Sal Mariano）、莎拉·丹达西（Sarah Dandashy）、谢乐尔·蒙特福德（Sheryl Montford）、斯宾塞·富尔顿（Spencer Fulton）、斯蒂芬妮·伯恩斯（Stephanie Burns）、斯坦·撒哈金（Stian SÃrhagen）、苏珊娜·罗德（Susanne Rode）、特里尔·范·赫梅特（Terril Van Hemert）、汤姆·理查德森（Tom Richardson）、汤姆·爱德华兹（Tom Edwards）、托米斯拉夫·波寇（Tomislav Perko）、特蕾西·阿伯特（Tracey Abbott）。

参考文献

第一章

Griffith, E (2017, 27 June) *Conventional Wisdom Says 90% of Startups Fail. Data Says Otherwise.* Retrieved 22 February 2018, from Fortune: http://fortune.com/2017/06/27/startup-advice-data-failure/

Smith, K Y (2013) *Uncovering Talent: A new model of inclusion*, Deloitte University

Yoshino, K (2007) *Covering: The hidden assault on our civil rights*, Random House, New York

第二章

Bassham, L (1996) *With Winning in Mind: The mental management system – an Olympic champion's success system*, Bookpartners

Colvin, G (2015) *Humans Are Underrated: Proving your value in the age of brilliant technology*, Portfolio

Duhigg, C (2012) *The Power of Habit: Why we do what we do in life and business*, Random House

Goleman, D (1995) *Emotional Intelligence: Why it can matter more than IQ*, Bantam

Groth, A (2012, July 24) *You're the Average of the Five People You Spend the Most Time With.* Retrieved 25 February 2018, from Business Insider: www.businessinsider.com/jim-rohn-youre-the-average-of-the-five-people-you-spend-the-most-time-with-2012-7/?IR=T

Kleon, A (2014) *Show Your Work*, Workman Publishing Company

Kondo, M (2014) *The Life-Changing Magic of Tidying Up: The Japanese art of decluttering and organizing*, Ten Speed Press

Weiner, E (2008) *The Geography of Bliss: One grump's search for the happiest places in the world*, Black Swan

第三章

Adobe (2012) *Global benchmark study on attitudes and beliefs about creativity at work, school, and home*, Adobe Systems

Altucher, C A (2015) *Become An Idea Machine: Because ideas are the currency of the 21st century*, Choose Yourself Media

Barez-Brown, C (2008) *How to Have Kick-Ass Ideas: Get curious, get adventurous, get creative*, Skyhorse Publishing

Csikszentmihalyi, M (1996) *Creativity: Flow and the psychology of discovery and invention*, Harper Perennial

Currey, M (2013) *Daily Rituals: How artists work*, Knopf

Dweck, C S (2006) *Mindset: The new psychology of success*, Random House

Gardner, H (2000) *Intelligence Reframed: Multiple intelligences for the 21st century*, Basic Books

Grazer, B (2015) *A Curious Mind: The secret to a bigger life*, Simon & Schuster

Groves, K (2013, 28 February) *Four types of space that support creativity & innovation in business*. Retrieved 26 February 2018, from Enviable Workplace: http://enviableworkplace.com/four-types-of-space-that-support-creativity-innovation-in-business/

He, L (2013) Google's Secrets of Innovation: Empowering its employees, *Forbes*

Himmelman, P (2017) Creativity: The strategic necessity you may not have thought of, *Forbes*

Johnson, S (2010) *Where Good Ideas Come From: The natural history of innovation*, Riverhead Books

Jones, B (2014) 5 Ways Creativity Leads to Productivity, *Entrepreneur*

Kelley, T K (2013) *Creative Confidence: Unleashing the creative potential within us all*, Crown Business

Kleon, A (2012) *Steal Like an Artist: 10 things nobody told you about being creative*, Workman Publishing Company

Lamb, L (2015) Inside the Creative Office Cultures At Facebook, IDEO, and VirginAmerica, *Fast Company*

Levy, M (2010) *Accidental Genius: Using writing to generate your best ideas, insight, and content*, Berrett-Koehler Publishers

Lineen, J (2015) Walking the heart of the Himalayas (D Loudermilk, Interviewer)

Pressfield, S (2003) *The War of Art: Break through the blocks & win your inner creative battles*, Warner Books

Preston, D (2017) *The Lost City of the Monkey God: A true story*, Grand Central Publishing

Rattner, D M (2017, 3 June) *How to Use the Psychology of Space to Boost Your Creativity*. Retrieved 26 February 2018, from How to Design Creative Workspaces According to Research: https://medium.com/s/how-to-design-creative-workspaces/how-to-use-the-psychology-of-space-to-boost-your-creativity-4fe6482ef687

Sivers, D (2005, 16 August) *Ideas Are Just a Multiplier of Execution*. Retrieved 26 February 2018, from Derek Sivers: https://sivers.org/multiply

Smith, J (2016, 14 January) *72% of people get their best ideas in the shower – here's why*. Retrieved 26 February 2018, from *Business Insider*: www.businessinsider.com/why-people-get-their-best-ideas-in-the-shower-2016-1/?IR=T

Snow, S (2014) *Smartcuts: How hackers, innovators, and icons accelerate success*, HarperBusiness

Widrich, L (2013, 28 February) *Why We Have Our Best Ideas in the Shower: The science of creativity*. Retrieved 26 February 2018, from Buffer: https://blog.bufferapp.com/why-we-have-our-best-ideas-in-the-shower-the-science-of-creativity

第四章

Burchard, B (2017) *High Performance Habits: How extraordinary people become that way*, Hay House

Csikszentmihalyi, M (1996) *Creativity: Flow and the psychology of discovery and invention*, Harper Perennial

Currey, M (2013) *Daily Rituals: How artists work*, Knopf

Duckworth, A (2016) *Grit*, Collins

Elrod, H (2012) *The Miracle Morning: The not-so-obvious secret guaranteed to transform your life (before 8AM)*, Hal Elrod

Fallon, N (2017, 11 July). *What's Your Most Productive Work Time? How to Find Out*. Retrieved 25 February 2018, from Business News daily: www.businessnewsdaily.com/8331-most-productive-work-time.html

Goleman, D (2013) *Focus: The hidden driver of excellence*, Harper

Harris, D (2014) *10% Happier: How I tamed the voice in my head, reduced stress without losing my edge, and found self-help that actually works*, It Books

Hill, N (1937) *Think and Grow Rich*, General Press

Kotler, S (2014) *The Rise of Superman: Decoding the science of ultimate human performance*, New Harvest

Lewis, M (2012, October) *Obama's Way*. Retrieved 19 February 2018, from *Vanity Fair*: www.vanityfair.com/news/2012/10/michael-lewis-profile-barack-obama

Newport, C (2016) *Deep Work: Rules for focused success in a distracted world*, Grand Central Publishing

Pattison, K (2008, 28 July) *Worker, Interrupted: The cost of task switching*. Retrieved 19 February 2018, from Fast Company: www.fastcompany.com/944128/worker-interrupted-cost-task-switching

Sivers, D (2015) Derek Sivers on Developing Confidence, Finding Happiness, and Saying 'No' to Millions (T. Ferriss, Interviewer)

Thibodeaux, W (2017, 27 January) *Why Working in 90-Minute Intervals Is Powerful for Your Body and Job, According to Science*. Retrieved 25 February 2018, from INC: www.inc.com/wanda-thibodeaux/why-working-in-90-minute-intervals-is-powerful-for-your-body-and-job-according-t.html

Weinschenk, S (2012, 18 September) *The True Cost Of Multi-Tasking*. Retrieved 25 February 2018, from *Psychology Today*: www.psychology-today.com/blog/brain-wise/201209/the-true-cost-multi-tasking

第五章

Bradberry, T (2014, 8 October) *Multitasking Damages Your Brain And Career, New Studies Suggest*. Retrieved 22 February 2018, from Forbes: www.forbes.com/sites/travisbradberry/2014/10/08/multitasking-damages-your-brain-and-career-new-studies-suggest/#6817438756ee

Ericsson, A (2016) *Peak: Secrets from the new science of expertise*, Eamon Dolan/Houghton Mifflin Harcourt

Ferriss, T (2012) *The Four-Hour Chef*, Amazon

Foer, J (2011) *Moonwalking with Einstein: The art and science of remembering everything*, Penguin Press HC

Holiday, R (2014, 24 January) *How and Why to Keep a 'Commonplace Book'*. Retrieved 22 February 2018, from Ryan Holiday: https://ryanholiday.net/how-and-why-to-keep-a-commonplace-book/

Institute, T P (2001) *10 Days to Faster Reading: Jump-start your reading skills with speed reading*, Grand Central Publishing

Levi, J (2016) *Become a SuperLearner*. Retrieved 22 February 2018, from Udemy: www.udemy.com/superlearning-speed-reading-memory-techniques/learn/v4/content

Pressfield, S (2003) *The War of Art: Break through the blocks & win your inner creative battles*, Warner Books

Rochester, U O (2013, 17 October) *Sleep Drives Metabolite Clearance from the Adult Brain*. Retrieved 22 February 2018, from YouTube: www.youtube.com/watch?v=96aZtk4hVJM

Standing, E M (2007) Mind Over Matter: Mental training increases physical strength, *North American Journal of Psychology*, 189–200

第六章

Brunson, R (2015) *DotCom Secrets: The underground playbook for growing your company online*, Morgan James Publishing

David, T (2014, 30 December) *Your Elevator Pitch Needs an Elevator Pitch*. Retrieved 25 February 2018, from *Harvard Business Review*: https://hbr.org/2014/12/your-elevator-pitch-needs-an-elevator-pitch

Duncan, R D (2014) Tap the Power of Storytelling, *Forbes*

Godin, S (2005) *All Marketers Are Liars: The power of telling authentic stories in a low-trust world*, Portfolio

Horowitz, B (2014) *The Hard Thing about Hard Things: Building a business when there are no easy answers*, HarperBusiness

Howard, B (2016) Storytelling: The new strategic imperative of business, *Forbes*

Mendoza, M (2015, 1 May) *The Evolution of Storytelling*. Retrieved 20 February 2018, from Reporter: https://reporter.rit.edu/tech/evolution-storytelling

Monarth, H (2014, 11 March) *The Irresistible Power of Storytelling as a Strategic Business Tool*. Retrieved February 20, 2018, from Harvard Business Review: https://hbr.org/2014/03/the-irresistible-power-of-storytelling-as-a-strategic-business-tool

Port, M (2015) *Steal the Show: From speeches to job interviews to deal-closing pitches, how to guarantee a standing ovation for all the performances in your life*, Houghton Mifflin Harcourt

Rose, F (2011, 8 March) *The Art of Immersion: Why do we tell stories?* Retrieved 25 February 2018, from Wired Magazine: www.wired.com/2011/03/why-do-we-tell-stories/

Wladaswky-Berger, I (2017) The Growing Importance of Storytelling in the Business World, *Wall Street Journal*

第七章

Cuddy, A. (2010) Power posing: brief nonverbal displays affect neuroendocrine levels and risk tolerance, *Psychological Science*, 1363–68

Gregoire, C (2016, 4 February) *Huffington Post*. Retrieved 16 February 2018, from www.huffingtonpost.com/entry/talking-with-hands-gestures_us_56afcfaae4b0b8d7c230414e

Harbinger, J (2015, February 2) The art of the interview and networking like a pro (D Loudermilk, interviewer)

Kohut, J N (2013) *Compelling People: The hidden qualities that make us influential*, Avery

Moyer, M W (2016, January 1) *Eye contact: How long is too long?* Retrieved 5 March 2018, from Scientific American: https://www.scientificamerican.com/article/eye-contact-how-long-is-too-long/

Robbins, T (2018, 16 February) *Tony Robbins*. Retrieved 16 February 2018, from www.tonyrobbins.com/health-vitality/the-power-of-cold-water/

Shevchuk, N (2008) Adapted cold shower as a potential treatment for depression, *Med Hypotheses*, 995–1001

Strack, F (1988) Inhibiting and facilitating conditions of the human smile: a nonobtrusive test of the facial feedback hypothesis, *Journal of Personality and Social Psychology*, 768–77

Trudeau, M (2010, September 20) *Human connections start with a friendly touch*. Retrieved 5 March 2018, from NPR: https://choice.npr.org/index.html?origin=http://www.npr.org/templates/story/story.php?storyId=128795325

第八章

Hamilton, R (nd) *Wealth Dynamics*. Retrieved 18 February 2018, from Wealth Dynamics: www.wealthdynamics.com/

Hewitt, A (2013, 4 November) *GameChangers: The world's top purpose-driven organizations*. Retrieved 5 March 2018, from Forbes: www.forbes.com/sites/skollworldforum/2013/11/04/gamechangers-the-worlds-top-purpose-driven-organizations/#5f90457077b6

Hill, N (1937) *Think and Grow Rich*, Dauphin Publications Inc

Logan, D C (2009, 1 March) *Known knowns, known unknowns,*

unknown unknowns and the propagation of scientific enquiry. Retrieved 5 March 2018, from *Journal of Experimental Botany*: https://academic.oup.com/jxb/article/60/3/712/453685

Musk, E (2007) *Wired Science* (B Unger, Interviewer)

第九章

Blinder, S M (nd) *Feynman's Wobbling Plate*. Retrieved 22 February 2018, from Wolfram Demonstrations Project: http://demonstrations.wolfram.com/FeynmansWobblingPlate/

Chou, Y-k (2017, 12 January) *Top 10 Marketing Gamification Cases You Won't Forget*. Retrieved 22 February 2018, from Yu-kai Chou: Gamification & Behavioral Design: http://yukaichou.com/gamification-examples/top-10-marketing-gamification-cases-remember/

D'Onfro, J (2015, 17 April) *The truth about Google's famous '20% time' policy*. Retrieved 22 February 2018, from *Business Insider*: www.businessinsider.com/google-20-percent-time-policy-2015-4/?IR=T

Hein, R (2013, 6 June) *How to Use Gamification to Engage Employees*. Retrieved 22 February 2018, from CIO: www.cio.com/article/2453330/careers-staffing/how-to-use-gamification-to-engage-employees.html

Heller, N (2015, 14 September) *High Score: A new movement seeks to turn life's challenges into a game*. Retrieved 22 February 2018, from *The New Yorker*: www.newyorker.com/magazine/2015/09/14/high-score

Institute, F (2018) *Edison's Lightbulb*. Retrieved 4 March 2018, from Franklin Institute: www.fi.edu/history-resources/edisons-lightbulb

Jenkins, R (2017, 7 February) *7 Ways Gamification Can Help Retain and Engage Millennials*. Retrieved 22 February 2018, from INC: www.inc.com/ryan-jenkins/how-to-gamify-career-paths-to-retain-and-engage-millennials.html

Johnson, S (2017) *Wonderland: How play made the modern world*, Riverhead Books.

Ledgard, J (2017) *How to Create Contests that Boost Revenues – 7 KickoffLabs Customer Case Studies*. Retrieved 22 February 2018, from Kickoff Labs: https://kickofflabs.com/blog/create-contests-boost-revenues-7-kickofflabs-customer-case-studies/

McGonigal, J (2015) *SuperBetter: A revolutionary approach to getting stronger, happier, braver and more resilient – powered by the science of games*, Penguin

Peckham, M (2011, 19 September), *Foldit Gamers Solve AIDS Puzzle that Baffled Scientists for a Decade*. Retrieved 4 March 2018, from Time: http://techland.time.com/2011/09/19/foldit-gamers-solve-aids-puzzle-that-baffled-scientists-for-decade/